谨以本书纪念彼得·亨普尔！

理论与真理

基础科学中的哲学批判

Theory and Truth

Philosophical Critique within Foundational Science

〔美〕劳伦斯·斯克拉—著

马 雷—译

科学出版社

北京

图字：01-2012-1836 号

Translation from the English language edition：
Theory and Truth：*Philosophical Critique within Foundational Science* by Lawrence Sklar

内　容　简　介

本书是美国哲学学会会长和美国科学哲学联合会主席劳伦斯·斯克拉教授的代表作之一。本书批判地考查了目前流行的实用主义和知识社会学及其各种翻版。本书认为，一般方法论纲领所提倡的批判性哲学思维方式在建构、检验、修改或取代基础物理学理论的科学事业中起着深刻的作用。科学方法负载哲学方法和哲学洞见。同时，对方法论和哲学的理解必须依托科学实践、独立语境、科学理论和经验。本书在方法论科学哲学上提出一系列重大问题，并给出了新颖的解答和严密的论证，在国际哲学界引起了广泛的讨论和好评。

本书适合科学哲学专业及相关专业领域的研究者和学生参阅。

图书在版编目(CIP)数据

理论与真理：基础科学中的哲学批判/（美）斯克拉（Sklar，L.）著；马雷译. —北京：科学出版社，2014. 3

书名原文：Theory and truth：Philosophical critique within foundational science
ISBN 978-7-03-040122-9

Ⅰ. ①理…　Ⅱ. ①斯…　②马…　Ⅲ. ①科学哲学-研究　Ⅳ. ①N02

中国版本图书馆 CIP 数据核字（2014）第 046398 号

责任编辑：郭勇斌　卜　新 / 责任校对：韩　杨
责任印制：徐晓晨 / 封面设计：黄华斌
编辑部电话：010-64035853
E-mail：houjunlin@ mail. sciencep. com

科学出版社 出版
北京东黄城根北街 16 号
邮政编码：100717
http://www.sciencep.com
北京凌奇印刷有限责任公司 印刷
科学出版社发行　各地新华书店经销
*
2014 年 5 月第　一　版　开本：720×1000　1/16
2024 年 1 月第四次印刷　印张：12
字数：196 000

定价：58. 00 元

（如有印装质量问题，我社负责调换）

作者简介

劳伦斯·斯克拉

劳伦斯·斯克拉　密歇根大学亨普尔和弗兰克纳杰出大学教授

研究领域：物理学哲学、科学哲学、认识论

美国艺术与科学院院士，美国哲学协会（中区）原会长，美国科学哲学联合会原会长。1997～1998年在牛津大学做约翰·洛克哲学讲座，并在牛津大学万灵学院访学。曾获得古根海姆基金会和美国社会学协会、国家科学基金委员会、国家人文基金会的学术基金资助。

斯克拉教授的代表专著有：《空间、时间和时空》（获得1973～1974年度哲学麦契特奖）、《哲学与时空物理学》（1985）、《物理哲学》（1992）、《物理与概率》（1995年获得拉卡托斯科学哲学奖）、《理论与真理——基础科学中的哲学批判》（2000）、《哲学与动力学基础》（2013）。主编《科学哲学论文集》（2000）。斯克拉教授发表过大量学术论文，主要探讨理论的性质、合理信念的结构、理论还原、空间和时间的哲学以及统计力学的哲学问题等。

电子信箱：lsklar@ umich. edu

Preface for the Chinese Edition

I am delighted that Professor Ma has translated my book Theory and Truth, thereby making it available to Chinese readers. The book is a transcript of the John Locke Lectures that I was invited to present to Oxford University in 1995.

Let me say just a few words about the general context in which the book was written.

One prevailing theme in Western philosophy over several centuries has been the development of a variety of "skepticisms" and replies to these. For one example, consider the work of David Hume. Relying on general principles that all our meaningful discourse and all our knowledge rested upon the contents and results of perceptual experience, Hume, first of all, cast doubt upon the legitimacy of a relation of "causal necessity" holding in the world, and in addition, cast doubt upon the rationality of our inferring exceptionless, general laws of nature from our limited, finite experience of constant conjunctions in the world.

Immanuel Kant was deeply motivated in his philosophy by his desire to overcome the skepticism of Hume. Originally a student of the German school of metaphysics, Kant said that Hume "woke him from his dogmatic slumber." Much of the rest of Kant's career in philosophy was dedicated to offering "ways out" of Hume's skepticism.

My lectures deal with a fragment of a current form of philosophical skepticism.

Our scientific theories of the world seem to us the repository of truth about the natural world. After millennia of experience and thought, trial and error, we seem to have reached the stage where we can confidently declare that science has shown us a vast body of knowledge about what there is in the world and what it is like. How can anyone possibly doubt that a science that grounds the technology that is now the basis of our economies and our everyday lives has discerned the truth about the world?

Not the "whole truth" to be sure. There is much more that science has to learn. We still don't have the fine details of how the genetic information coded into DNA is developed to direct the formation of an organism. We still don't have a deep understanding of how the brain is structured and how it functions in all of its roles in perception, memory, inference and understanding. At the level of deep physics, we don't yet know how to apply the general principles of quantum theory to our understanding of gravity. In the realm of cosmology profound mysteries remain about the fundamental structure of the cosmic realm and about the origin of that structure. Nonetheless, there is a gigantic realm of scientific truths that we do know.

But philosophers are never satisfied, and modern day skeptics of a large variety of kinds, challenge our claims that science tells us "the truth". It is with some aspects of this kind of skepticism that these lectures deal. The lectures do not deal with skepticisms that have their origin outside of science itself and that constitute general skepticisms about the very legitimacy of the notion of "objective" truth. I am not concerned with claims to the effect that what is true from one "perspective" will not be true from another, where such perspectives might constitute, for example that what is true for a Christian is not true for a Buddhist. Nor am I concerned with such relativisms as those of what is called "theory" by some members of literature departments that, once again, claim that there is no such thing at all as truth except "from a perspective" of race or class.

I am concerned, rather, with sources of skepticism that are closely linked to issues that arise within science itself. Hence the sub-title for the lectures is "Philosophical Critique within Foundational Science". The "foundational" is in the subtitle since I am primarily concerned with issues that arise within our most fundamental and foundational sciences, especially within the fundamental theories of physics.

The lectures deal with three sources of possible skeptical doubts about whether we can speak of our scientific theories as true: ①Problems arising out of the nature of foundational theories as positing entities and properties of them that remain forever beyond our immediate observational grasp, so-called "theoretical" entities and properties; ②Problems arising out of the fact that fundamental laws of foundational science frequently hold not of real systems in the world, but only of "idealized" systems; ③Problems arising out of the fact that science seems to replace accepted foundational theories with new theories that are radically different from the, now rejected, older theory in their crucial concepts and their fundamental ontologies.

(1) Some philosophers have wished to eliminate from our accepted ontologies any reference to the unobservable. Philosophers called "logical positivists" often took that stance. But the usual rebuttal is to claim that it would be absurd to deny the existence of such things as electromagnetic fields, quarks and curved spacetime posited by physics just because these entities and their properties are remote from human observation. Our best theories posit these entities, and we ought, accepting the truth of these theories, to believe in their existence. For this reason most philosophers of science reject positivism arguing that it rests on false philosophical assumptions.

But now let us look "inside" science. Many fundamental theories posit new, unobservable entities and properties in the world. But some foundational theories within science allegedly advance our understanding by *eliminating* entities and properties posited by their predecessor theories. I am not thinking of cases where the earlier theory is simply taken as "false", but rather where the new theory is thought of as an "improved" version of the older theory. Examples can be found in theories of space and time and in quantum field theories. Furthermore, the kinds of reasoning employed within science in these cases have much in common with the kinds of philosophical reasoning employed by the positivist. We need, then, a more careful and deeper understanding of the role played by the unobservable in our foundational theories, and of the grounds within science for accepting or rejecting the positing of such entities and properties.

Another aspect of internal science bears a close analogy to familiar philosophical arguments. Arguments beginning with Descartes were designed to show us that no amount of empirical data could show us that we lived in a world as we understood it.

Could not all our experience be a dream? Or could we be nothing but programmed "brains in a vat"? Such philosophical possibilities are often dismissed as absurd. But within foundational physics, with its realm of the unobservable, we often find claims to the effect that allegedly alternative theories could all be equally compatible with all possible empirical data. How should we understand the existence of such "empirically equivalent" theories, and what does their existence tell us about our notion of the "truth" of our accepted theories?

(2) It is sometimes claimed that we cannot hold scientific theories as simply true of the world, for many of these theories apply not to realistic systems but to the kind of scientific "models" of systems called idealizations. Idealizations do indeed play crucial roles in discovering and expressing our foundational physical theories.

But to argue that the theories are therefore not "true of the world" is too quick. Instead what is needed is a careful and thorough study of the various kinds of idealizations that are used in fundamental physics and the ways in which these idealizations function within the theories. In particular we need deeper insights in the ways in which the use of these idealizations can function to give us guidance about the behavior of the un-idealized real systems in the world in such a way as it makes it reasonable to say that the idealizations aid in finding "true" theories of the actual world. Here notions such as that of a "limit" and of "approximation" will play important roles. But they are not the whole story.

(3) For several centuries the "stability" of our fundamental theories led scientists to have few doubts that they had found at least some of the basic truths about the world. But with the beginning of the 20th century much of that confidence came under strain. The new relativistic theories of dynamics and gravity, and, especially, the discovery of the quantum nature of things, were "revolutionary" in their new understanding of nature. So novel were these theories, it is sometimes alleged, that they threw out the previous understanding of the ontology of the world in its entirety. Indeed, it is also sometimes claimed, the concepts of these theories were so radically different from those of the earlier theories that one could not even legitimately claim to contrast the assertions of the theories since the terms they used,

while appearing similar, simply did not mean the same thing. And, some philosophers of science continued, we could expect such revolutions to continue. If that is so, how can we possibly think of our current best theories as "true", or even think of the succession of theories as "approaching the truth"?

The radical skepticism of some who treat of this problem is based on assumptions which, if taken seriously, would lead to the impossibility of any communication at all. But how can we construct a view of theory transience and theory change that allows for radical scientific revolutions, and faces up to the sources of the skeptics concerns? Responses that naively argue that something is preserved unchanged in all such revolutions ("structure" perhaps) won't do justice to the situation. Rather, a thoughtful and comprehensive treatment that takes account of the subtle nature of meanings of concepts in science, and the consequent meaning of assertions in science, is needed. Even if we do not believe that our current best foundational theories are true, and given their peculiar and problematic internal nature, most scientists expect radical changes in the future, how can we understand the evolution of theories, revolutions included, as being "on the road to truth"?

Lawrence Sklar

致　谢

本书的原初形式是我在牛津大学 1997 ~ 1998 学年第三学期约翰·洛克讲座上的六次演讲稿。非常感谢牛津大学人文学院哲学系对我的邀请，并提供演讲的机会。作为万灵学院的客座研究员，我也想感谢万灵学院的各位同人在我讲学期间给予我的关爱。

十分感谢美国国家人文基金给我提供的 1995 ~ 1996 年度大学教师职位。该职位使我能够抽出时间着手本书的写作。也非常感谢美国国家科学基金支持我三个暑期的研究，使我得以进一步完成本书的初稿，并最终出版。它也使我得以继续研究书中某些简要涉及的话题，并加以扩展。

作为对美国国家人文基金的配套资助，密歇根大学给我安排了一个休假年，谨致谢忱。

牛津大学的西蒙·桑德斯（Simon Saunders）、哈维·布朗（Harvey Brown）、杰里米·巴特菲尔德（Jeremy Butterfield）和奥利·申克（Orly Shenker），密歇根大学的杰米·塔彭登（Jamie Tappenden）、马克·凯利（Marc Kelly）、詹姆斯·伍德布里奇（James Woodbridge）、彼得·弗拉纳斯（Peter Vranas）、理查德·斯洪霍芬（Richard Schoonhoven）和格尔哈德·尼费（Gerhard Nuffer）对本书进行了有益的讨论和评论，特此致谢。我的同事戴维·希尔斯（David Hills）和詹姆斯·乔伊斯（James Joyce）审读本书，并提出建议，安格拉·布莱克本（Angela Blackburn）帮我编辑手稿，使之更便于阅读，一并致谢。

劳伦斯·斯克拉

目　　录

导　　言

本书旨在论证，许多科学方法论问题尚未得到应有的重视。我认为，从方法论的立场关注这些问题，会同时以新的方式带来许多著名问题，这些问题源于对基本问题的哲学讨论，这些基本问题与基础理论物理学的具体问题有关。本书还关注作为方法论的科学哲学和作为物理学哲学的科学哲学。

总体来看，在抽象哲学中，在科学的哲学方法论中，有一些思维方式，它们还渗入基础科学本身的实践。我想论证，这些思维方式出现在对科学内部基础理论的发展和批判中时所呈现的特点与它们在更为抽象的方法论实践中所表现的方式完全不同。

特别是，科学中的基础理论所声称的真理受到怀疑。该论证将集中探讨一般哲学和方法论科学哲学对此怀疑所提供的理由。本书力求表明，基础理论建立在一般方法论的广为人知的根据之上，对这样的基础理论的批判性考察指导着基础理论的发现、构建和改进，因而构成科学实践的本质的、内在的部分。

证明这一总论点，要求广泛关注一般方法论中出现的各种怀疑论。但是，它也要求直接关注物理学基础中的大量特殊问题，这些问题涉及基础理论的具体困难。总体立论办法主要是展示广泛的重要案例，以表明批判性哲学方法在科学中所起的作用。这些案例将阐明这样一个主题：哲学推理模式会在科学中出现，但是，它在科学中显示的结构在许多重要方面与它应用于一般方法论时所具有的结构迥然不同。

本书视野开阔，不仅涉及一般哲学和一般科学方法论的广泛传统议题，而且涉及物理学哲学基础的广泛议题。本书篇幅不长，乃有意为之。本书是由演讲稿整理而成，正如演讲稿一样，它关注那些特别广泛的问题，试图把它们视为科学哲学研究的系统方案中的子问题加以阐明。我想，用多少有点新颖的方式考察这些问题，将有助于进一步充分地、详细地探讨每一单个问题。

显然，这里涉及的议题只能采取简略的探讨方式，实际上对需要深入、广泛探讨的问题常常只给予一两个段落的篇幅。把特别广泛的议题纳入总论题，进行简略探讨，这是本书不得不付出的代价。

作为对这一不得已的简略所造成的损失的部分补偿，我在第一至四章的每章结尾都附一节简注性的“推荐读物”。这样，读者不仅可以参阅许多一般科学方法论著作，而且可以参阅基础物理学及其哲学研究的著作，那些希望填补本书所忽略的许多细节的读者可以从这些著作中获益。这些推荐读物不包括涉及本书主题的详尽无遗的原始文献，只提供涉及本书哲学或物理学的入门文献。

第一章　理论与世界的关系

对最好的、被最为广泛接受的科学理论的真理性的否定论证已经比较充分了。一些怀疑论者试图让我们相信：我们应当从根本上否认我们的科学理论的任何描述的有效性；或者，至少，我们应当摒弃在任何意义上将它们视为对世界性质的描述的各种认识论保证。我并不关心如此粗暴的激进怀疑论。

确切地说，某些更为温和的怀疑论持有这样的观点：虽然在某些意义上我们能够合法地宣称我们最好的可行性科学所具有的代表性力量，但对于把它们视为对世界的最好描述的任何唯一性观点，我们应当避而远之。当前形形色色的时髦的相对主义似乎试图让我们相信这一观点。

对于否认我们最好的科学的真实性的那些理由，我不打算接着探讨。我下面集中讨论的科学是基础物理学。一些相对主义观点强调各种文化的或社会的背景中的科学世界观的独立性。科学家通常置身于这样的背景中，却浑然不觉。我们的社会表征使得任何种类的客观历史或社会科学成为不可靠的、困难的或不可能的。像牛顿力学、狭义的和广义的相对论、统计力学或量子力学这样的理论都充满预设，这些预设恰好表达了隐藏的思想体系。这些理论能够并且将要被另一些根本不同的理论代替，这些替代理论同样有效地声称：物理世界是区别于其本身的社会产物。无论这种思想的合理性是什么，它都与当今流行的观念一样可疑。但是，我这里所关心的并不是诸如利纳德的“德国人的物理学（相对于犹太人的物理学）”“基于辩证唯物主义的马克思主义物理学”或当前科学中流行的各种所谓文化相对主义这样的东西。

有一种更为温和的相对主义，从实验到理论的推理的开放性、从实践科学的内在的社会动力学到理论选择背后的偶然性机制，不乏对这种相对主义的辩护。这些更为温和的相对主义确实比那些激进的社会建构论更为合理，更为有趣。但是，这种“内在的相对主义”也不是我感兴趣的话题，尽管我要讨论的一些问题对于理解这样或那样的内在相对主义不无裨益。

另一方面，我也不想论证，我们找不到恰当的案例来说明一些关于世界的极为基础的物理理论的部分内容可能容易受到独断性或因袭性的指责。但是，明显区别于科学的社会建构论，我所关心的各种独断论都不乏扎实的基本根据，尽管其主张或者是大胆的外在主义的，或者是羞怯的内在主义的。

为什么我们可以主张，不应当把基础物理理论视为对世界的真实表述，进而也不应当在任何明晰的意义上将之视为正确的？我想先简要地指出人们给出的三大理由。

首先，理论是否真实地再现自然是值得怀疑的。理论假定以可观察现象为根据，而对可观察现象的解释要通过假定不可观测的实体和性质来完成。怀疑论者对理论产生的合法性提出质疑。

有关不可观测对象的怀疑论的历史源远流长。曾经有一些流行的物理学理论也以怀疑论者所质疑的关于不可观测对象的本体论假定为根据。对这些理论的批评见诸古希腊天文学，即见诸这样的主张：天文学的目标是“拯救可观察现象”，而不是以诸如水晶球的断定方式对可观察现象给出物理解释。对非法假定不可观测对象的理论的类似批评见诸马赫和迪昂这样的动能学家在 19 世纪对原子论的攻讦。我们将看到，在当代基础物理学中，对不可观测对象的拒斥以许多方式表达出来。

这里的核心思想是，按照较弱的说法，就我们假定一个不可观测对象的领域而言，我们超出了根据观察实验支持理论的证据合法性范围。按照较强的说法，关于存在不可观测对象的断言在语义上难以理解。在许多这样的说法中，其思维方式要么要求以根本不涉及不可观测对象的方式构建理论，要么涉及不可观测对象，但不充分地断言或相信它是真的。比较之下，后一方法倒是可行的。反观自身，我们只是在断言理论的工具恰当性，或者相信理论“好像”杜撰者的虚构，其真实目的只不过是对它所预测的观察现象作经济的概括。

其次，基于观察的理论是否表达简明真理值得怀疑，因为只是在给出许多关键的理想化处理之后，基础物理学理论才适用于真实世界的系统。

据观察，我们的理论不能直接地、无限制地预测或解释实际世界的物理系统。例如，我们的理论只处理对系统的有限类的因果作用，但是，真正的系统却受无穷的已知或未知的扰动作用的支配。而且，我们的理论只处理系统的特殊的和有限的方面，但是，在真实的系统中，大量的相互作用却是任何单一的物理描述都无法刻画的。另外，在许多情况下，我们的理论仅仅适用于在这样或那样的方面被理想化的系统，比如无穷大或无穷小的系统，或者，系统的行为只能以一些理想方式处理，比如说，系统的时间被限制为零时间间隔或无穷时间间隔。但是，理论固然能够严密地处理理想系统的理想行为，却不能完全把握我们通过实验观察到的真实系统的真实行为。

据论证，我们不应当把理论看成对世界的真实描述。或许，我们能够为我们的科学断言合法地找到其他一些一般的适用于系统的语义关系。或者，通过根本否认科学断言针对真实系统，我们也许能够保留简单的语义关系。我们也许能够把理论看成可断言的“模型”，看成对世界的抽象。这样，我们就可能为真实系统构建一些恰当的“相似性”关系模型，以便调节科学主张与真实世界的关系。

最后，理论是否表达简明真理值得怀疑，还因为我们都意识到，甚至当代最好的基础物理理论在未来科学的不断发展中也不可能永远是最好的。

我们不相信，将来的科学共同体仍然会信奉当今最好的基础物理理论。我们相信，我们的理论顶多是众多假说在相互竞争中的暂时优胜者。按时髦的说法，可接受的理论只有 5 分钟热度。为什么我们相信当下的理论也许不用多久最终就会被拒斥？这有不少原因。它们不能概括更多范围的经验事实，就是说，它们遭遇经验反常。我们发现它们具有不可接受的内在结构，比如内在形式上的不一致。它们经常与我们最好的流行理论相冲突，使得我们相信，至少有一部分流行的理论不是一成不变的。最后，我们从过去的科学中获得充分的经验，即一代科学家最为钟爱的基础理论通常被后继科学家作为过时的失败理论而丢弃掉。

那么，我们如何合理地看待最佳流行理论反映真实世界这样的主张？换言之，较之理论正确地或真实地反映世界这样的方式，我们肯定找不到更为精致的其他方式来描述流行理论与世界的关系吗？毕竟，断言一个理论是正确的，同时又相信它暂时享有“迄今最有效理论”的美誉，将来会作为失败的理论被合法地丢弃掉，这似乎很难说是合理的。

我非常赞同这三大质疑。不可观测的理论本体问题，理论只有在理想化语境中才是可用的，在不断变化的理论史中看出的理论的短暂性，这些得以阐明的议题都是真正的议题。我也不想否认，以从特殊理论中高度抽象的形式取得的这些真知灼见也适用于基础物理学。

不过，确切地说，我并不想在这一抽象层面上探讨这些问题。我无意深度介入争论，这些问题只能以纯哲学的方式才能有效解决，就是说，这种方式要求尽力从当代科学理论的特殊性中去抽象，仅仅把这样的理论作为案例去抽象地阐明取得的结果。

严格地讲，我想做的只是给出一种元哲学主张，并以简要梳理的案例给予支持。我将论证，存在探究上述问题的一条路径，也许，它或者比纯粹的哲学抽象更为有趣，或者比阐明科学理论充其量对一般的、抽象的论证起着解释性案例作用更为有趣。我将探寻这条路径，在这条路径中，理论的三个批判性方面——涉及不可观测的本体、诉诸系统的理想化、理论的暂时地位，都将在科学的语境中讨论，这一语境意指在基础物理学自身中构建、检验、判决和修改理论。我将论证，我们通常视为哲学探索的各种推论深深地植根于科学实践之中。在科学自身中，经验数据、假设形式和哲学批判相互作用，只是当人们在某些细节上探究这些相互作用时，科学植根于实践的这一特征才表露出来。

我认为，下述问题在科学自身中起着作用：植根于经验批判的本体论排除问题，批判地考察观念形态的科学与所研究的真实系统之间的关系问题，把我们当下的理论批判性地理解为只不过是科学发展和变化中的暂时状态的问题。通过考察诸如此类的问题，我们就能发现方法论、认识论和形而上学的有趣的哲学问题的丰富结构，以过于宽泛和抽象的方式探讨这些问题的人可能对这一结构熟视无睹。当我们在基础物理学的具体理论的产生、检验和批判的语境中考察理论的三大批判的时候，许多关键性问题就产生了，它们与那些以一般抽象方式探讨同样的三大批判时已经引起注意的问题迥然不同。

通过这一课题的研究，我也希望就这一见解提出质疑：方法论科学哲学的研究可以回避对具体问题的争议，可以回避科学解决我们最有效的基础物理理论时产生的争论。同时，我也乐意挑战这样的主张：科学实践充分地独立于这样的哲学，它对基础物理理论采取“无为主义者”的态度，认为基础物理理论只是假设：绝不需要哲学的解释或批判。我将论证，我之所以挑战这一主张，是因为哲学批判构成了科学理论的真正性质的基础部分。换言之，我将论证科学与哲学的水乳交融的关系。

对三大批判的考察可以采取通常的抽象方式，也可以采取这里所强调的语境和理论相关联的更为具体的方式。我也将关注这两种考察方式之间的关系，并尝试给出这种关系的可能推论。我的观点是，哲学总问题及其解答本身也许可以兼顾像某种形式的极限理想这样更为局部的问题。这一角度也许提供了如何从总体问题自身出发思考总体问题的有益洞见。

哲学方法试图从具体物理理论中进行完全的抽象，物理-哲学方法只是把哲学问题置于特殊的具体物理理论的语境中进行考察。我接下来会在这两种方法之间的中间层面做些研讨。我希望，在这一层面，我们会在批判地检查截然不同的物理理论时能够发现许多共同要素，但会在具体科学理论的语境中看到各自的问题，这些问题在单纯抽象中是无法进行有益讨论的。

当然，在这个中间层面探讨问题，并尝试论证这些主张，要求概述哲学推理模式在科学争论中和在物理学的理论构建和重建中如何起作用的许多具体的案例。在这里，要在其全部细节上探讨任何这样的案例都是不可能的。如果我们确实想理解任何批判性哲学主题是如何在科学自身中显现出来的，我们就必须详尽地关注物理科学的精微之处，不论是经验的还是概念的。但是，在本书中，我显然不能指望探讨相对论时空理论、统计力学、量子理论或量子场理论中众所周知的复杂而困难的基础问题。

当我不得不简略地甚至是粗浅地触及物理学哲学的一些主要问题域的轮廓的时候，我必须请求读者给予耐心和宽容。我将用非技术的方式提供足够的细节以解释选择的案例是如何描述我试图获取的哲学信念的。但是，对于物理学基础中的任何一个具体问题，我在这里确实不能充分提供严肃的、深刻的处理办法。对于使用的案例能否真正支持我的基本主张，我也不能提供充分的判决性论证。我的目标是倡导研究科学哲学的一个方法，它并非不为人知，但也许少有践行者。在这里，我并不能严谨地完成已经提出的任何哲学探索的任务，我只能提出出现在该领域中的疑难，并提示确实出现的各种问题的某种可能的解决途径。

推荐读物

在质疑科学理论表达关于世界的唯一真理的朴素思想的纲领性文献中，

主张科学的文化相对主义的一个核心文本是 Bloor（1991）。基于科学方法的内在方面的科学相对主义论证，见 Pickering（1984）。关于科学的透视主义观点的“深刻的”哲学动机的一个精致说法来自康德传统、德国唯心主义、实用主义，见 Putnam（1978）和 Putnam（1990）。关于怀疑科学真理建立在理想化的科学需要基础之上，见 Cartwright（1983）。强调科学的极其短暂性并由此推出深刻的哲学结论的两本经典是 Kuhn（1970）和 Feyerabend（1962）。

第二章　对本体的排除

第一节　基于批判的本体论排除

哲学家和科学家常常告诉我们：我们假定存在的东西其实并不存在。在本书中，我们将考察对世界的某些种类的假定存在物的科学的拒斥，我们并不担心出现各种这样的拒斥，因为取代旧理论的某些后继理论就拒斥旧理论的部分假定。例如，我们并不担心这样的拒斥：否认存在水晶球，否认存在热质或燃素这样的物质。相反地，我们担心激发拒斥部分本体的这样的思想：本体论假定对于理论的真正目的是不必要的，以排除本体的方式可以重新解释现存理论，从而导致对现存理论的改进。我们也担心，旧理论确实被某些可选择的较新理论取代，但是，这个取代本身有一个削减本体的解释步骤，这是该动机的关键内容。

我心目中的那种哲学本体之排除不是像激进实证主义、工具主义或现象论那样，它们在重新解释或描述理论的时候，对世界的理论本体，不是全盘排除，就是排除其重要部分。在这些排除本体的哲学案例中，支持排除主义纲领的论证都建立在认识论思考之上，这在一开始就是显而易见的。没有合适的证据来证明理论实体的存在，这一哲学论断一直是上述观点的基础。因此，我们没有理由把关于实体的陈述视为信念集，或者，用一个更强的说法，这样的陈述根本没有认识意义。

我们将看到，这样的认识论主张构成科学的排除主义纲领的基础。我也将在这里集中讨论这个认识论主张。但是，我所关注的不是总体上的哲学再解释纲领，而是在科学内部出现的通过排除本体重新解释理论[①]的案例，它们

① 在后面的翻译中，我将用“翻新”一词表达“通过排除本体重新解释理论”。具体地说，“翻新”就是通过全部或部分排除科学理论中的本体而得以修改理论或创建新理论。——译者注

都具有局部的和语境关联的性质。

我先简述排除主义纲领的要点，并给出简要的说明。

（1）翻新在基础物理学内部发挥着作用。某些特殊的实验和理论境况通常激发翻新这一动机。经验主义或实证主义的一般认识论原理从来不是激发这一动机的唯一因素。

（2）然而，每一个这样的翻新只是诉诸总体的哲学纲领所熟知的认识论上被激发的论证。这些论证是为翻新做辩护的一个重要部分。我们可以利用这个恰当的辩护方式研究并解决一开始就引发翻新纲领的具体科学问题。

（3）但是，要使得这个论证的结构在认识上清晰而准确，还存在着严重的困难。这样的一些困难，从哲学实例上看是棘手的，但从科学实例上看却可以给出一个标准解决方案，这个方案依赖于所研究的科学问题的具体语境。

（4）在翻新策略本身的性质和为该策略所做的辩护之间，我们可以找到显示出家族相似的许多共同话题，因为它们在十分广泛的多样化的科学事实中得到应用。乍看起来，这些话题有时在重要的方面截然不同。翻新纲领的这些共同元素处于这样一个层次：它比任何可想见的被认识论所强化的翻新纲领的相关共同元素更为具体，但比个别的、具体的事例中的共同元素更为一般。

（5）最一般的认识上的（和语义上的）思考在关于理论构建和辩护的具体科学决定中起着作用。这个事实要求人们质疑关于科学的某种形式的“自然主义”或“无为主义”，它们试图告诉我们，科学理论自身是完全可以理解的，不需要哲学的解释或批判。

（6）最后，探究这些翻新纲领在科学内部起作用的某些方式多少有助于我们理解这样的问题：我们将如何看待人们熟知的完整的排除主义纲领？就是说，对于这些完整的纲领，我们或许能够把它们较好地理解为语境相关的科学纲领的“理想极限”，而不是一劳永逸地重建物理科学的特立独行的纲领。

通过翻新来重建一个理论，或通过另外的翻新来取代某个理论，而基于我们已经讨论的那类哲学批判的本体论排除过程在其中得以应用。有这样的显著例子吗？

在时间和空间理论或在它们当代的统一替代说法——时空理论中，不难发现许多这样的例子。批判性重建的牛顿理论，拒绝把牛顿的绝对空间作为所有运动的参照物，而代之以时空观念——一种同样基本的惯性参照系。但是，没有一个这样的参照系可以取代已经被排除的牛顿的基础参照系的地位。在从相对论之前的时空到狭义相对论时空的转变过程中，人们批判地排除了一定空间距离中事件的绝对同时性的观念。以前的时空观念被一个较弱的惯性参照系的相对同时性观念所取代。在牛顿的平直时空中的万有引力理论被广义相对论的弯曲时空的万有引力理论取代的过程中，完全的惯性参照系观念遭到排除，转而支持局部的自由落体系的或类时测地线观念。这里，我们又看到，对旧理论的拒斥部分地取决于以一个批判性论证为基础的本体论排除。

倡导本体论排除的批判性探索不仅出现在物理学中，而且出现在时空理论的语境之外。看看量子力学史，在海森伯的原创性实证主义纲领中，在薛定谔证明他的量子力学与海森伯的量子力学的等效过程中，特别是在玻尔的具有所有工具主义特征的对理论的哥本哈根诠释中，本体论排除的批判性论证俯拾皆是。

最近，诉诸批判性排除方法的论证还出现在关于经典物理学引力势的作用的一些讨论中，出现在量子语境中关于引力势呈现完全不同特征的方式的讨论中，结果推导出像玻姆-阿哈罗诺夫效应那样出人意料的可观察现象。当这一研究着手考虑广义相对论引力的量子化形式时，批判性考察就变得重要起来。

在近来的量子场论研究中，也可以看到批判性排除论证。因为两个完全不同的原因，有人提出通过排除粒子观念重建标准理论的纲领。当然，这里的粒子与经典物理学中的粒子完全是两码事。在量子场论中，粒子代表着具有一定动量物体的完整定义的平面波，或与之相关。这样的量子场论内部的批判性纲领有两个：一个热衷于本体论排除以避免以哈格定律著称的量子场论的规范形式中出现深刻的数学困难；另一个不再追求类似于第一个纲领的那种重建，而是转向试图使得量子场论适合广义相对论的弯曲时空。

当然，我们这里无意密切追踪研究这些纲领，但是，我们至少会转向一些细节的讨论，它们可以充当研讨纲领的方法论意义的案例。

第二节 区别于翻新的其他科学动机

本体论排除部分地基于哲学上熟知的那类批判性论证，在每一个这样的例子中，总存在另外的一些具体的科学动机，它们超越批判性分析本身，并推进排除主义纲领。这些动机是什么？

（1）渴望阐明一个新理论，它能够处理现行理论不能很好处理的新的出人意料的经验数据。同时，在处理新的数据时避免讨厌的复杂性或独断性。

这一动机的一个基本的例子是狭义相对论假设。爱因斯坦基于认识论动机对超距同时性的绝对观念的排除主义批判给出该理论的原创性论证。新理论的预期是：一面恰当处理迈克耳孙-莫雷实验出人意料的否定结果，一面避免洛伦茨理论处理这些结果的独断性。在爱因斯坦看来，洛伦茨的理论方法是无根据地、任意地选择一个特殊惯性系作为在所有方向上光速不变并具有理论上的预测值的唯一的以太系。

（2）渴望发现一个新理论，它能恰当处理旧的、为人熟知的观察数据，但是，处理数据的方式与最新建立的背景理论相协调，而处理同样数据的旧理论却做不到这一点。同时，也渴望新理论避免已发现的隐藏在处理同样现象的旧理论中的某种独断性。

还是举爱因斯坦给出的一个基本的例子。广义相对论是作为与狭义相对论协调的引力理论提出的，而牛顿理论却做不到这一点。与此同时，借助批判性的排除主义论证来排除完全的惯性参照系，新理论能够处理一种隐藏在牛顿引力理论中的不充分决定问题，而在爱因斯坦之前，该问题只是偶然地和模糊地被察觉到。这说明，假定存在完全统一的引力场，则旧理论对于决定真正的惯性系是无能为力的。

（3）渴望运用在新理论取代旧理论的过程中学会的批判的排除主义方法，反过来阐明旧的、现在已经被抛弃的理论。

在构建适合狭义相对论的闵可夫斯基时空时，人们引入许多观念。运用这些观念，人们就可以反思牛顿动力学时空、伽利略或新牛顿派时空，新观念保留了牛顿时空的绝对时间和惯性参照系，但不承认绝对速度的参照系。新的构建基于批判性的排除主义技巧，它减少了牛顿时空所遭遇的不充分决定问题，即识别哪一个惯性参照系构成绝对静止的问题。

类似地，人们能够利用广义相对论的弯曲时空技巧，以批判性的排除主义方法，提出牛顿引力理论的弯曲时空形态的构建方式，并在前相对论语境中，再一次排除旧理论的潜在的独断性和不充分决定性。在这里，新理论优越于旧理论的地方正是广义相对论所具有的那个优势。新理论排除了隐藏在旧理论中的不充分决定问题，因为在牛顿引力理论中，我们又一次看到，均匀万有引力场在经验上是没有意义的。

（4）渴望重构一个理论，旨在清除导致概念上和数学上困难的数学构造，据说，这样的数学构造对于理论的真正内容既不是内在的，也不是必要的。

这个例子来自量子场理论。在那里，人们构建了理论的局域代数方法，该方法还包含批判性排除主义元素。这一方法的构建部分地受到规避一个数学结果——哈格定律的激发。哈格定律是从理论的原初公理系统中推导出来的，它似乎否定了理论描述任何相互作用的可能性。

有趣的是，上述讨论的动机（2）也导致对量子场论的相同的建构。规范量子场论，连同粒子本体，向局域代数理论的转变，为我们提供了一个简约的与弯曲时空的背景描述相协调的理论形态。局域代数理论用以约束其部分可确定的测量结果的本体，这个新理论以原初形式不易接受的方式把量子场论纳入经典的、前量子的广义相对论。

（5）渴望阐明理论中概念的作用，这一要求源于这些概念所起的作用是随着假定的背景理论的变化而变化。

举个例子，思考一下场理论对“引力势”的理解问题。传统上，仅仅把它看成计算“力”的数学技巧。在量子力学中，引力势能解释广泛的可观察现象，而“力”则不能。这些新现象就是相变，它在引力势不是拓扑单连通的情况下出现。在这里，重新解释的纲领并不是一个简单的排除主义纲领。不过，在理解理论中的引力势所起的物理作用的科学纲领中，这类特别运用的思维方式正是那类包含在排除主义纲领中的思维方式。它问我们：什么是理论的真正的观察结果？关于世界的理论假设如何处理这些观察结果？

这种论证对于理解广义相对论也起着关键的作用。因为在这一理论中，时空的几何特征起着引力势和力的作用。从批判性视角理解理论的这些特征对于从哲学上理解理论是至关重要的。对于建构广义相对论史，对于直接寻找用于构建量子形态的广义相对论，这种理解都具有十分重要的意义。

（6）渴望解释已经存在的明显不同的物理理论，它似乎同样成功地具有正确预测广大范围现象的实验结果的能力。

举个例子。存在这样一个纲领，它证明了海森伯和薛定谔各自提出的量子力学的等价性。这一纲领把批判性探寻理论的可观测内容与在不可观测的层面上论证一种恰当的数学同型性结合起来。在不可观测层面上，这两个不同理论对于可能的测量结果，对于这些结果的概率，都给出相同的预测。这一事实表明，这两个理论仅仅是同一理论的两种不同的可选择的“表述”。

（7）最后，渴望给出一个最高的超验解决办法，以理解这样一个理论的意义，该理论已经作为一个清晰的数学形式主义纲领被提出，但是它的物理意义不能被深刻地确定，甚至看起来明显有矛盾。

玻尔纲领是最好的例子。它把测量过程作为一个基本的和不可排除的结构纳入对量子力学的解释，纳入他的批判性本体论排除主义纲领。该纲领把传统上可描述的测量结果看作理论本体。玻尔的量子力学诠释包括对任何“连接不同测量结果”的理论明显指称的实在进行工具主义解读。对理论的这种新的解读，连同测量过程的互补性观念，可以避免对世界看似矛盾的描述的理论所产生的明显两难困境，因为它似乎表明世界同时具有波和粒子的性质。

在上述每一个这样的例子中，批判性论证给出的各种形式的本体论排除都起着作用，不仅如此，也附带显示一些极为深刻的科学动机。在科学中，批判性本体论排除并不仅仅是任意应用的一般的经验主义哲学。

第三节　批判性重建中的共同元素

我一直强调各种完全不同的科学动机，它们能够导致对特殊科学语境中的理论进行翻新式的审视。这里，相比之下，我想强调，在对所有这些理论的重建中包含着一些共同元素。

在每一个理论重建的例子中，都包含一个主张：当下理论的一些困难可能通过从理论中排除一个或更多的推测出的关于世界的多余元素来克服。但是，什么构成现实的多余元素？所有这些科学纲领的共同特征是，宣称重建之前的理论有着比说明所有观察现象所必需的结构更为“丰富”的结构。当它在这里宣称重建的理论能够像未重建的理论那样“说明”所有相同现象时，它所指的不只是重建的理论能够像原来的理论那样演绎地推导出相同的观察结果，它还指重建的理论尽量提供对现象的充分说明。比照一下人们熟知的对一般实证主义的哲学反驳，经验主义者对理论的还原缺乏对观察现象的解释。

所有这些例子的一般论题是不完全决定论题。就是说，该论题认为，每一未重建的理论都考虑到许多不同的满足约束条件的可能世界的存在，而实际上，根据重建的理论，只有一个可能世界。旧理论的麻烦有一点是人们熟知的：它涉及的世界，原则上讲，在经验上是难以彼此区分的。

在牛顿时空中，对静止系而言，有着太多的可能选择来自惯性系。在洛伦茨理论中，也有涉及以太系的非常多的选择。在作为平直时空的力之引力的理论中，对于总体的惯性系，也有着非常多的可能选择，相对论之前的例子和相对论的例子都说明了这一点。在技术上较难解释的类似的例子是量子场理论。在标准的公理化场论中，存在酉不等价但观察上等价的非常多的表达。在每个例子中，按照未重建理论本身的说法，我们没有可能运用实证经验做出这样的选择，即理论本身的主张就是做出的真正选择。在每一个例子中，给出的建议是，一个或更多的概念问题或经验问题能够部分地由这样的本体论排除主义纲领来处理：它用新的理论结构取代旧的理论结构，新结构与旧结构具有相等的解释力，但从旧结构中排除了一部分假定的可能世界。旧理论的这部分可抛弃的本体，按照旧理论本身的解释，它不可认识，根据重建的理论，它不可解释。

但是，做出这些断言取决于这样的假定：我们正确地相信重建的理论确实能够拯救旧理论的全部观察结果。没有这样一个假定，就没有理由贯彻重建主义纲领，虽然它实际上被贯彻了。在理论的发展中，新的观察或实验数据也许起着作用，这个作用类似于迈克耳孙-莫雷实验的否定结果在狭义相对论的发展中所起的作用。但是，实际上的批判性重建并不依靠实验数据，而是依靠对旧理论的结构的一个形式审查，它揭示如何找出一个较少多余元素的替换理论。不过，完成这样一个削减本体的策略，一开始就要求我们了解：什么可以称得上理论的观察内容；或者，更重要的是，什么可以明确地称得上不是理论的观察内容。只有具有这个先决条件，我们才能合法地宣称：重建的理论确实能够完成其先行理论全部的解释工作。

重建工作如何进行？对重建的可能模式的完整分类将是有益的，但也十分困难。不过，这里我想举例说明，重建至少有三条路径。

（1）人们可以破坏原初理论的多元结构，把它重建为只有一个元素的结构。原初理论的多元结构形成多余的可能世界，而一元结构则排除了“权衡与折中”的可能。例如，在引力的弯曲时空描述中，自由落体路径（包括引力作用对象经过的路径）的类时测地线的单一结构取代了总体惯性参照系的引力和结构。

（2）人们可以在原初理论中划分等级，它在观察上与另外的较旧理论的等级是等效的，可以通过不变量鉴别这些等效的等级，在从等效等级的成分向另外的相同等级成分的转变中，这些不变量不会改变。然后，人们可以唯一地根据这些不变量系统地表述修改过的理论。例如，代之以“引力势”，人们可以用经典的“力”构建一个理论。这里，所有的所谓“规范-等效引力势”都产生相同的力。从量子力学看，人们可以用所谓“和乐”（holonomies）一词来表述该理论，这个词表示量子语境中的规范等效引力势与经验相关联的共同内容。

（3）人们保留原初的理论形式，但是，在产生经验结果时，根据理论的独断特征，增加一个“划分”的解释技巧。然后，人们就可以把先前认可的两个备选的可能世界理论看成一个世界的两种备选理论。让我们再使用一下引力势的例子。当人们利用统计力学研究使用引力势概念的理论时，或者，当人们运用路径积分方法研究运用“引力势”的量子力学时，人们就得到这样的指示：在计算世界的可能状态时，引力势的状态总数要除以一个因数。这个因数可以用这个方法减少状态的数目：彼此不同但规范-等价的引力势所表示的所有状态只计算一次。

第四节 “可观测内容”与排除不可观测对象

那么，在基础物理学内部，有一个普遍的需要，就是从理论中推导出观察结果，并确定哪一部分理论对取得理论的经验结果起着合法的作用。把理论分为经验上必要的部分和经验上不必要的部分，这个过程对于通过从理论中排除引起这样或那样麻烦的部分又不至于丢失理论的真正经验内容这样的革新理论的任何纲领都是初步的。或者，如果人们实际上没有选择排除麻烦元素，为了以可接受的方式安排那些理论构件，在理论表述时保留它们，人们仍然需要做些初步的工作。

但是，理论的“可观测内容”指的是什么？人们有时在相关的语境和确定的科学上使用这个概念，有时则以纯粹哲学的方式使用这个概念，这两种使用方法之间的关系是重要、微妙而复杂的。

在哲学史上，在诸如现象主义、工具主义、操作主义这样的学说语境中，都存在着理解理论的观察内容概念的许多意图。一些纲领把可观测对象的观念看作感性意识或意识的现象内容的直接数据。这里，人们面对并试图弄懂这样的问题：这些现象内容是什么？在自然世界的图像中，这些现象内容起着什么作用？另外，人们还背负着一个解释的任务：如何以这样的主观元素为基础构建主体间的、较少客观性的自然科学？

为了提防心灵主义和感性数据的主观性，一些人试图以更为物理主义的方式理解“可观测对象”。人们认为可观测对象是由居间实体的某些物理特性构成的真实事物。这里，选择一些物理事实作为可观测对象，看上去具有独断性，它使得一切物理事实看上去与其他事实一样可观测，人们熟知的论证似是而非，这些都造成一种强烈的怀疑态度：关于理论的全部可观测推断的任何有用的概念真能够完全得到系统的阐明吗？另一种诘难来自蒯因的所谓“自然主义”。他认为，在严密的科学中，对于一个可观测对象的概念而言，诸如“对视网膜的因果刺激”之类都起着十分有益的作用。

当我们上下审视科学内部的本体论排除实例时，我们就会毫不奇怪地发现，“理论的可观测推断”的概念因情况不同而改变。可观测性概念依赖于通过认识论批判而革新的独特理论，而这又依赖于对提出的理论进行独特的设计，并在理论竞争中经受住严厉的批判。

在对科学内部的理论的这些批判性重建中，对于“意识的直接呈现”或“感觉的直接内容”这样的传统经验主义或现象主义的任何观念，我们没有发现直接的指称。任何所谓的关于可观测对象的断言的重大“确定性”问题，或任何归因于这样的断言的所谓的“没有任何指称的可知性”问题，它们在推进这样或那样的事实成为科学实例中的可观测事实方面并不起直接的作用。来自物理学的实例表明，物理过程支配我们的感觉器官这样的观念其实是不相干的。

那么，我们如何在语境相关的科学事实中区分可观测对象和不可观测对象？在那些事实中，这一划分与一劳永逸地辨别可观察现象类的传统哲学观念具有怎样的联系？

基于批判的本体论排除而得以重建的许多理论案例就是时间和空间理论。导致狭义和广义相对论的理论重建就是这样，造成平直的和弯曲的伽利略时空的那些回溯重建①也是如此。

在重构时空理论时，有两大特征刻画了一般认为的可观测对象的范围。第一，可观测对象限于在一点上发生的事件，就是说，在时空中一致的事件。第二，一般认为，可观测对象限于体现在诸如碰撞的微粒或相交的光线这样的物质实体之中的关系。

第一个约束条件不允许我们把时空总相视为世界的可观测对象。在爱因斯坦关于狭义相对论的著名的原创论文中，有一个理所当然的观点：像时钟读数这样的事态之间的一致被合法地看成可观测的，但是，例如，超距物质事态之间的同时性就不是这样。在广义相对论的构建中，正是像粒子轨迹或光线相交这样的一致性事态或一致的时钟读数，被预定为穷尽了可观测对象。时空的总相，或者甚至实验粒子和光线的总相，都被排除在可观测对象范围之外。这一思维方式的一个绝佳的例子可以在爱因斯坦的这样一个认识中找到：只要人们把理论的观测内容看成其真正内容，并把观测内容看成限于实验对象之间的局部一致，一种由针对广义相对论的孔洞论证暗示的不充分决定和不确定主义就不会引起什么问题。

第二个约束条件禁止我们把任何所谓的时空本身的特征看成可观测的。想象一下，有人用“平直时空”和“力”为引力理论辩护。当面对据称已植入其中的不充分决定问题时，可以假定，引力理论的支持者有这样的回应：在那样解释世界时，“真正的”总体惯性系可以仅仅由直接观测决定，而不是由物质的实验对象决定。科学共同体确实不会重视这样的理论家。在科学语

① 回溯重建意指利用来自取代旧理论的新理论的概念来重建旧的已经被淘汰的理论。——译者注

境中，只有实验对象、物质粒子和光线、测量卷尺和钟之间的关系才称得上观测领域的可能事实。

有趣的是，在重建时空理论的科学讨论中，有人不时宣称：把观测对象限制在物质对象之间的局部关系中，是不充分的。其他约束条件有时是必要的，或者至少是合乎需要的。例如，长期以来，人们一直在讨论，哪些物质事件的哪些局部关系为广义相对论提供了一组“最好的”观测对象。特别是设计了这样一个纲领，它排除作为观测手段的物质测量工具，如刻度均衡的测量卷尺，井然有序的“嘀嘀嗒嗒”的时钟，代之以点粒子、光线和它们的协调物（如交点）的路径，以此作为广义相对论的恰当的观测基础。

当探究这一纲领背后的动机时，我们就会发现，在对一类可观测对象的语境选择中，不止一个目标起着作用。我相信，把可观测对象的特征限制为局部的和物质的，这有赖于向一种适合一般经验主义纲领的更直接的认知退却。但是，希望避开卷尺和钟而选择粒子和光的路径确实有一个完全不同的动机。后一选择是基于爱因斯坦的一个规定：理论必须是“完备的”，就是说，理论本身必须对那些被看成是刻画了其测量基础的元素的行为提供充分的解释。

通常认为，解释卷尺或钟对物质的测量要求运用量子力学这样的完整的理论形态，而正是广义相对论本身解释了理想的自由粒子和光线的路径。在广义相对论中，这些路径仅仅是时空的类时测地线和零测地线。这里有许多问题十分复杂和矛盾，但不是我们要讨论的。我们需要关注的全部问题是：在一些具有特定语境的科学讨论中，什么可以称得上一个理论的观察基础？有多种方式可以促成这个选择。在这些动机中，只有一部分建立在一般认识论批判纲领之上。

在时空理论的重构之外，我们也能够发现向局部特征的退却，特别是向描述一致性的位点事件退却。它们是合法的可观测对象，因此也是必须在本体论排除的认知动机纲领下保持不变的那个理论所预测的那些事实。如果人们设法对引力势或规范场和它们在理论中的合法作用进行批判性理论化处理，人们最终也会发现向局部特征的退却。在这种情况下，排除主义纲领是多阶段纲领。在传统情况下，据称正是力而不是规范变换引力势构成理论的真正的物理元素。看看由螺线管（在与螺线管垂直的二维结构中，螺线管是一个

“孔洞”）产生的引力势的例子。在量子语境中，就具有一个重要拓扑结构的引力势而言，这一点很清楚：引力势的作用不仅仅是决定从中引出的力的结构，引力势还决定围绕闭环的波函数的移相。在干涉实验中，移相在实验中显示出来。所以，这些移相，即所谓的和乐，现在都由引力势产生，它们也必须被看作是真正的物理元素。

我认为，进一步的思考将表明，排除引力势而采纳力和移相的概念，这本身只是一个中间步骤。在这个背景中暗含着一个进一步的假设：只是基于力和移相的可预测的观察一致性本身最终可称得上真正的情境物理学。例如，在作为规范理论的广义相对论的讨论中和爱因斯坦对主张理论非决定论的“孔洞论证”的回应中，也可以看出这一点。我很快就会转而讨论一些批判性的排除主义纲领的思想，它仅仅处在一个更大步骤的中间阶段。

在对量子力学的批判性重建中，作为可观测对象基本特征的局域性也是一个主题。但是，在这种情况下，位置所起的作用微妙而复杂，它与广义解释量子力学测量作用中的其他常见思想有着深刻的联系，用任何简短的方式都很难刻画它。

我曾注意到，旧形态公理化量子理论有两个截然不同的问题，奇怪的是，用一个单一的重建纲领可以同时处理这些问题。这些问题中的第一个是在散射理论中出现的。人们愿意把一束最初的“自由”粒子看成是相互作用的。相互作用的最终结果是出现其他一批非相互作用的自由粒子。但是，要发现一个数学结构来统一描述整个时间段的散射过程被证明是困难的。从理论的公理出发，人们能够证明，系统有一个唯一的最低能态——真空态。但是，不同的真空态是渐进自由粒子和相互作用粒子都需要的。这个结果导致哈格定理。哈格定理似乎表明，不可能描述相互作用。这里的困难与量子场论中的一些基本的数学困难相关。在具有有限数目的自由度系统的量子力学中，人们能够表明，对量子变换关系的任何表达，在经验上与任何其他表达等价（通过单一变换，一种表达可以转换为另一种表达）。在量子场论中，这不再是真实的，对“正确的”真空态的选择也变得极为困难。

第二个问题与在建构量子理论时允许把弯曲时空植入其中有关。若从加速观察者的角度看世界，这里所产生的问题在处理平直时空时就已经想到了。对那个观察者来说，世界上“好像”存在任何惯性系观察者所看不到的微粒。

在平直时空中，人们能够把惯性系观察者看成优越的，他们看到的微粒算得上是确定的。但是，在弯曲时空中，没有这样的优越的观察者。因为这个原因，标准的量子场论，一个假定世界上存在各种确定数目粒子的理论，就有问题了。

人们可以考虑以各种方式解决这两个问题。我这里想谈的方法是对理论的局部代数重构。这里，理论的基本本体不是粒子，而是由空间上受限的检测仪器对粒子的检测。被构建的理论意在恰当表示所有可能的概率关系。在自然界中，在两种探测器显示的结果之间，可以找到这些可能的概率关系。理论的这一重构运用了一种工具主义，它明显来自玻尔传统，但两者的动机不同。玻尔把测量看成基本方法，并且给量子力学以一般的工具主义解释。当然，视“探测”为基本本体的特殊思想是大有问题的。不过，这一解释的另一个思路颇为有趣，就是那个嵌入的假定：所有观测，在某种意义上，都是局部观测。

显然，这里的“局部”的含义比先前考察的时空实例中的“局部”含义更成问题。可以十分肯定，决不是“局部”的感觉把“点一致”看成基本的。在目前对理论的重构中，人们把探测器看成对出现在某些层面的时空开放集中的粒子的反应。早期理论的基本思想是把散射看成始于有限的粒子数目，这与人们把散射看成没有相互作用的自由状态有天壤之别。然后，粒子相互接近并相互作用。最终，经过充分的时间，又出现一组自由粒子。但是，在新近构造的理论中，这样的自由粒子被假定为仅仅代表适当的粒子探测之间关系的概率。现在，人们再也不指望用一些量子场表示初始探测和最终探测之间的中间过程，量子场的过去和未来的时间界限是与自由粒子对应的场。起初，正是这种表示事物的方法导致数学上的困难。一个替代的办法是向较早和较迟探测的工具主义退却，用遍布受限时空区域的算符“网”的数学方法表示探测过程。由算符网之间的关系表示的概率关系正是理论的预测力之所在。

在试图恰当处理弯曲时空中的量子场的其他动机中，局部代数方法的目标是完全避免粒子观念。奇怪的是，在量子场理论中，粒子转变为全体观念，因为它们与到处存在的波场有关。与平直时空理论的自由粒子对应的平面波甚至不能在一般弯曲时空中存在。重建理论的目标也要避免假设任何确定的粒子数目，因为，不同观测者所看到的粒子的数目是不同的，而所有观测者都被看成同样好的观测者。在平直时空中，一个加速观测者对仪器的反应是，在观测者的环境中“好像”存在一个惯性系观测者注意不到的粒子通量。如果人们喜欢，可以称这些粒子为“虚构”粒子，把惯性系观测者的计算看成优先的。但是，在弯曲时空中，观测到的粒子数目的一个类似的变化甚至发生在局部惯性的，即滚动的类时测地线上的观测者之间。现在，相信任何一个观测者探测到的数目是粒子的“真正”数目就是不合理的，除非有这种可能，就是出现特殊情况：时空有一个对称性，把一些参照系看成优越的参照系。

局部代数方法避免了这些问题，它把一些划界区域中探获的粒子看成由理论假设的基本实在。因此，我们这里又一次看到理论重建中的一种局域主义。而且，现存理论的语境相关的具体问题也推动着这一重构。但是，我们再一次看到，诉诸认知批判，即追问原初理论究竟假设了什么能够确实被我们观测到的东西，并且通过排除其部分传统结构（即不必要的、而且确实有害的人造物）重构这个旧理论，重构就能被部分地合法化。

我已表明，在用本体论排除方法构建理论的许多例子中，主题一直是某种“向局部的退却”。但是，局部相当于什么，随情况不同，差异很大。在时空实例中，它一般诉诸物质在一点上的一致，使之作为理论的合法构建过程中要保留的实在的真正元素。但是，正如我刚刚指出的，在构建量子场论时，只是区域内的探测才算作是真实的，而不是“点上”的探测。

事实上，以前对量子场论有过很多批判性审查，最早可以追溯到20世纪30年代，强调在理论中需要避免涉及发生“在一点上”的元素。据论证，用同时满足数学和物理学的方式构建理论要求在理论的观测意义可以被理解之前“软化”点的数量，使之成为“分布的”数量。一开始，可观测对象被看成由算符来表示，算符被定义为具有点值的数量。后来，正规理论形态用检验函数展开的算符处理物理可观测对象，而这些检验函数的支集（就是它的非零值）遍布一个区域。正是这些具有区域值而不是点值的数量被看成理论可预测元素的数学表达，就是说，被看成测量结果的一般量子概率的数学表达。对理论点状元素的这种偏离而非趋向，我将在第三章的语境中讨论，即讨论如何处理我们视为仅仅描述世界的理想状态的理论。

要充分讨论在量子力学语境中的规范理论的重建，必然要重新探讨量子场论的散射问题或弯曲时空中的量子场问题，这只是在量子力学的观察和测量的一般背景问题的广泛讨论中才有可能。这里不讨论这些问题。但是，注意到这一点很重要，即在物理学基础上，没有其他问题像量子力学解释中的测量问题那样清楚地强调基于认知思考的本体排除对于重构理论所起的关键作用。

对测量问题的一些处理方法，特别是玻尔方法，在很大程度上是基于“退回到可观测对象”的建议。不过，什么可称之为“可观测对象”？就量子力学的测量问题而言，这个观念比我们一直考察的事例中的观念更成问题。尽管这个观念在所有方面都成问题，我们还是十分清楚地抓住了理论处理的与全体数量相对的局部数量观念。而且，我们能够十分确切地理解，把理论的局部预测仅仅看成真实地处理物理实在的元素，意味着什么。但是，就量子力学的测量问题而言，当我们仅仅试着问“可观测对象”是什么的时候，许多最恼人的解释问题就产生了。

这些问题可以追溯到玻尔的著名论断：有一些测量结果只能在前量子的经典物理术语中刻画。尽管同时还有一个论断，即对世界的量子描述在范围上看是普遍存在的。从主张经典概念（玻姆的隐变元实在论）的普遍应用，到形形色色的理想主义或二元论（魏格纳把测量诠释为超验精神与物理世界的相互作用），到各种工具主义（见玻尔的哥本哈根诠释），人们能够想象到的几乎每一个情况都作为恰当的框架被提出来，人们借助这个框架去理解测量及其在量子世界中的确定结果的作用。在量子世界中，这些确定的结果是可以“叠加的”。

另外，我们这里不能简单地在量子力学中探讨测量问题。但是，我确实想再一次强调，在解决测量问题的一些重要尝试中，我们发现，人们有时实际上运用认知批判以区别理论中的可观测元素和不可观测元素，然后要求重构理论，在可观测对象之间保留理论的预测力，不保留针对不可观测对象提出的所谓的可疑的结构。这里，对具体理论的可疑结构的认知批判在基础物理学中看来起着这样的作用：部分地实现以更加合适的方式系统地阐明可疑的物理理论。

第五节　质疑自然主义

对自然主义的看法，众说纷纭，莫衷一是，我无意厘清其全部含义，更谈不上探讨所有类别的自然主义。不过，有一部分自然主义一直主张，以某些“哲学的”观点批判地审视科学理论，是毫无意义的。按照这一主张，科学理论自身是完备的、充分的，我们需要了解的科学理论的全部“意义”或“解释”，科学理论似乎都向我们显示出来了。从这个角度看，长期以来，哲学所渴望的对理论意义的分析，渴望基于哲学批判对理论的重构或重建，都是没有意义的乌托邦式追求。

但是，我们已经看到这样一个误导性主张，即人们能够以独立于基于认知思考的批判论证的方式，以经验主义哲学家所熟知的方式，处理物理学的基础理论。因为，在科学进步本身中，对科学理论的真正构建、辩护和重建恰好充满那种我们视之为范式的哲学论证。另外，我们不能支持这样的思想：对理论的理解通常与哲学思维方式无关，特别是与那些先对概念进行认知批判，然后依靠排除本体，以重建理论的哲学思维方式无关。正如我们反复看到的，一部分科学工作者独自完成下列任务：他们把理论的可观测结果与不可观测结果区别开来；为了区分那些对建立可观测对象之间联系的理论工作来说是必需的元素与那些可以被看成多余的人工元素，他们探寻不指称可观察物的局部理论的结构；他们重建理论，以回避至少是那些人工元素一部分的假设。

然而，对于像“自然主义者”蒯因这样的人来说，这些都不在话下。他们论证说，科学推理可以穷尽我们所期望的关于世界的所有推理。他们否认科学之外的任何哲学思维模式的特殊地位，但也强调，在一定程度上，科学本身是一门学科，它恰恰充满一种传统上被看作经验主义哲学的认知上的批判性思维。但是，有理由认为，在构建或重建特定科学理论时仅仅嵌入哲学思维模式并不是哲学事业的目标。

我一直强调，在一定程度上，在每一个特殊情况下，都有一个开展重建计划的特殊动机，它超越一般经验主义的思考。我已经论证，这些附加的动机高度依赖要解决的具体科学问题的语境。我也已经强调，在一定程度上，区分可观测对象和不可观测对象也是高度背景依赖的。这一点也很清楚，在许多情况下，大量的理想化方法包括选择可观测对象，例如，包括在重建时空理论时退回到点一致。

另一方面，我向来主张，理论重建起作用的方式是偶遇许多不同的独特科学计划，在探求以此为特征的理论重建过程中，可以找到一般论题。例如，我已经论证，在大多数情况下，人们预先假定：我们可以称为我们理论的可观测预测的一定是对仅仅发生在局部区域的可观测对象的预测。这里，“局部”有时指“在一点上”，有时指“在一个有限的时空区域内”。

某些自然主义纲领有一个业已证明的论断：在任何由理论假设的可观测对象和不可观测对象之间都可以做出区分，就此而言，这个区分本身仅仅能够从自然科学中给出。我们注意到，有时还有这个要求：用以解读理论的测量观念应当是在理论自身描述自然界范围之内可以刻画的测量观念。可以肯定，这些主张中都有着重要的真理成分。观察者和测量工具是科学所描述的自然界的一部分，就此而言，它们的结构、它们的功能、它们与观测系统的相互作用一定是自然科学的描述和解释最终所适用的范围的一部分。

但是，从理论的总体概念向局部概念退却，把它看成认知上得到辩护的理论重建的合理模式，对这个策略的反复依赖表明，我们完成了批判地评估科学理论的任务，这些理论带有某些一般认为在认知上可理解的深刻预设。这些预设本身是否是对世界的也许是原始的、未形式化的科学图景的某些推断，这一点十分可疑。例如，可观测对象被限制在局部区域的要求来自科学吗？基于某类直觉保证的预设是来自最终获得一切知识的“我的”视角吗？

我们需要探究的是，把我们对世界的所有理解看成以我们的科学的世界观为基础，这在多大程度上是误导的？我已经表明，如果这个科学的世界观本身是基于以认知批判为背景的本体论排除纲领而建构和重构的，并且，如果在阐明理论时认知批判通常具有源于某些广泛预设的被认为来自“我的”意识的经验主义知识观的某些元素，那么，探寻唯一基于科学的一种自然主义世界图景并规避任何先验的哲学思维模式也许是徒劳的。

我已经努力强调过，即便在每一种情况中在科学内部遭遇本体论排除的重构是真的，情况也是这样：首先，是在理论的语境上显得重要的具体科学问题刺激重构纲领的欲望；其次，如果依据排除的重建被执行，引导我们做出关键选择的则是理论的详细境况本身。

第六节　总体经验主义纲领的地位

值得关注的是，在科学内部的独特语境依赖的问题境况中，研究纲领要通过具有认知根据的翻新工作而不断发展。从这一视角看，像操作主义、工具主义、现象论等总体经验主义纲领在科学方法论中的地位是什么？最好的办法也许是，我们不要把这个计划，即把科学理论彻底地还原为它们的正确观察内容，看成实际上可以贯彻的，而是把它看成一直进步但不可能完成的一个过程的某类理想化的“极值点”。

总体纲领也许可以视为永久的启示纲领：在基础性的理论化的任何已知阶段，我们应当时常牢记，在什么程度上，我们理论的解释性假定包含了这样的元素，该元素永远超出直接观测决定的范围。总体计划启示我们，当我们处理理论面对的任一可疑境况时，一个应对策略是通过基于认知批判的本体论排除纲领去探索重建理论的选择范围。另外，这个建议不是要完全排除17 世纪末使用的那种“假设化”，而是使人们永远意识到，理论的错误可能来自过多地、不必要地假定理论的结构。

总体纲领通过把理论还原为它们的合法经验内容重建理论，对此，通常有两个一般的反对意见。首先，否认人们实际上能够界定理论的“观察内容”概念。这个界定是以某种旨在为认识论和语义的目标建立基础的方式来进行的。为着这个目标，“观察内容”概念通常应用于理论的经验重构。其次，否认有可能像这样的经验主义纲领通常所宣称的那样，把理论翻译为某类唯一以观察术语构造的有限世界理论。

但是，我们一直关心的对理论基于语境的各种重构不需要任何“基层的”、一劳永逸的观察基础。重构理论的真正要求是确信，在已知语境中，宣称该理论结构的某些部分绝不受直接的观察决定的影响是合法的。在特殊语境中，为了实现重建，不能从可观察领域明确排除的一切都应当合法地视为可观测对象。例如，在时空语境中，我们不必担心，在某个终极意义上，粒子和光线本身是否应当被看成不受直接观察的影响。

重构理论的计划也不是要把理论全部翻译成它的观察内容。确切地讲，这个计划是这样，一个理论结构拒斥旧理论的部分完美本体，这对于所有经验预测的目标和包括解释目标在内的其他合法目标是恰当的。这些目标也是旧理论所预期的目标。这个计划还宣称，在我们以上注意到的一个或更多方面，较新的、较简洁的结构更适合科学目标。在完成有限的本体论排除之后，重构的理论仍然可以十分丰富。

然而，这些带有全部特殊科学动机的重建纲领，旨在重建理论，使之接近一种形式恰当性，以把握原来理论的所有预期的观察结果，而与那些原来的、有缺陷的对世界的描述比较起来，它们又较少受推测出的多余的不可观察的理论假定的影响。在这个程度上，我们可以合理地把它们看成对不断发展的经验纲领起部分作用，即便该纲领没有最终目标。从这一点看，最好把总体经验主义还原纲领看成康德的理想，这个纲领渴望寻求对世界的终极解释，这就像科学之驴前的胡萝卜，虽然驴吃不着，但毕竟诱使它不断前行①。

推 荐 读 物

关于科学中的理论的作用，Hempel（1965）有一个精致的概要的哲学讨论。关于时空理论的本体论排除的讨论，见 Sklar（1974）第四章和 Friedman（1983）第三、四章所论前相对论时空向狭义相对论时空的转变以及 Sklar（1974）第二章和 Friedman（1983）第五章所论旧引力理论向广义相对论弯曲时空的转变。Jammer（1966）第五章论述了海森伯的量子力学中的实证主义。关于经典力学和量子力学中引力势的作用的材料，见 Ryder（1985）第三章。关于量子力学的无“粒子”的重构，见 Haag（1996）第二、三、七章。关于前相对论时空的批判的回溯重构，见 Earman（1989）第二、三章和 Sklar（1974）第三章第四节第三部分。Haag（1996）详尽探讨了量子场论的局部代数方法。关于海森伯和薛定谔量子力学的构造及其推论的等价性讨论，见 Jammer（1966）第六章。Petersen（1968）讨论了玻尔的形而上学。

---

① 这个典故来自西方关于驴和胡萝卜的故事。大意是：从前有个农夫养了一只驴，用作驮运工具。驴在路上走累了，就不肯再走，即使挥之以鞭子，也不起作用。一次，聪明的农夫终于想出一个办法，把一串胡萝卜挂在驴的眼睛之前、唇吻之上，但不让驴的嘴碰到。这笨驴以为，向前走一步，就可以吃到美味，于是不停地朝前走。——译者注

关于当代一般哲学对经验上等价的理论和不充分决定问题的讨论，见 Quine（1990）第 41 段~43 段。关于时空理论语境中的不充分决定，见 Sklar（1974）第四章和 Friedman（1983）第七章。关于时空理论中的本体论排除，见 Earman（1989）、Sklar（1974）第三章和 Friedman（1983）第六章。关于广义相对论的“孔洞”论证的材料，见 Earman（1989）第九章。关于引力势和规范不变式，见 Ryder（1985）第三章引言、Henneaux 和 Teitelboim（1992）的一个全面讨论。关于和乐（holonomies）在理论重构中的应用，见 Ryder（1985）第三章及简短的引言以及 Gambini 和 Pullin（1996）对该问题的一个综合讨论。关于路径积分方法中的“规范分配”的介绍，见 Ryder（1985）第七章。

关于对“可观察对象”的一般观念的某些哲学批判，见 Maxwell（1962）、Hanson（1958）。Ehlers、Pirani 和 Schild（1972）、Marzke 和 Wheeler（1964）。Sklar（1985b）论述了构造时空理论的可观察对象的选择。关于量子场论的局域性讨论，见 Haag（1996）第一、七章。关于在弯曲时空背景中重构量子场论，见 Wald（1994）。Streater 和 Wightman（1964）讨论了公理化量子场论的量子场“涂抹”（smearing）。关于玻尔对量子力学测量的论述，见 Jammer（1974）第四、五章。

关于自然主义哲学的讨论，见 Quine（1969）。

第三章 理 想 化

在不同时期，哲学中出现了以不同面目表现的一种离经叛道的主张。它的基本论证是，语言只可能产生于对世界的抽象，因此，语言不能真实地反映世界。它声称，语言依赖于表达概念的词汇。但是，概念化的真正性质要求在世界的个别事物的无限特征中专注于一点。由语言编织的对世界的任何描述是内在误导的，因为，它是由词汇编织的，它就要求从世界的实际个别事物的无限丰富的特征中去抽象。从语言的真正性质看，语言一定是有限的，而这就造成它不能恰当描述事物的无限复杂的性质。还有人进一步论证说，这意味着，在这样的抽象中编织的语言，其断言不能真正地反映世界。远在浪漫主义者对科学的攻讦中，我们就能找到这类华而不实的主张。

一个更为实在的并为分析哲学家所熟知的主张植根于逻辑原子论。它的论题是如何处理语言中的概括。如同某些直觉的看法，如果世上所有的事实都是特殊事实，而不是一般事实，那么，语言概括如何能够发挥有意义的作用？断言难道不是通过与事实相符获得意义吗？

这些问题的一个答案是，论证类律断言（lawlike assertions）根本不能看成是给出了陈述。这个答案后来在不同语境中反复出现。坦率地讲，这类断言没有真假可言。因此，不需要任何事实与之符合。确切地说，因为这个理由，一般的断言就是推理规则。接受一个定律陈述就是接受从一个特称判断向另一个特称判断的推理的合法性，而不是接受一个事实断定本身。但是，该论题时常出现，这种特许的推论已经限制了适用的范围。只是因为假定了个别事物的一个有限范围，或许，甚至是因为这些个别事物只存在于有限的背景语境中，推理的合法性才由概括决定。

但是，人们认为，对这些推理规则的适用范围的说明，其本身不是类律断言的语义内容的一部分。确实，方法论者通常宣称，对于类律规则的合法应用范围，不论是在对概括本身的断言中，还是在概括起作用的明确断言的科学语境中，都找不到充分的阐明。确切地讲，这个范围特征是部分科学家的不明确“实践”的一部分，不是已被接受的科学教科书中所明确断言的内容的一部分。

最近，一个值得注意的倾向是怀疑论的另一个源头，它把科学断言简单视为对真理的表达，它与刚刚提及的那些断言有关。人们认识到，当科学概括被“其他条件均同”限定时，它通常才适用于对世界的描述。这个限定告诉我们，仅当某些未指明的，或许永远不能充分指明的背景条件得到满足时，我们才能期待定律有效或适用于特殊情况。人们通常论证说，甚至当合适的背景条件具备时，定律将仍然只适用于一个有限的精确度范围。而且，即使那样，精确度本身也许没有明确指明，甚至不是可以明确指明的。

定律是“错的”或定律对世界的断言是“错觉”，这一断言有时鲜明地强调了定律在科学中的恰当位置。有时，这一点来自这一论证：定律根本不描述，也根本无意描述真实的世界。相反，有人主张，定律只意在描述“模型”，即一个抽象结构，其描述的特征和运动以某种方式与不能简化的、混乱而复杂的世界的真实事物的真实特征和真实运动有关。这就形成定律断言与真实世界的联系，该联系是由一定领域的模型间接给出的。

支持这一解释的那些人通常主张，定律应用于世界是以定律真正描述的模型和实际世界系统之间的“相似性”关系为中介的。有人认为，一个模型只是在某些方面，甚至在某些语境中与世界相似。为了让定律具有真正预测和解释的功能，模型必须在语境中充分地与世界相似。通常强调的是，模型与世界的相似程度，对语境的详细说明，在理论自身中还是不明确。另外，类律理论之于世界的应用带有一种内在习得的科学实践的特征，有时超出该理论的确定内容的范围。

就它们自身而言，很难看到引进模型概念并采用模型对于世界的相似性关系在理解定律之于世界的应用上如何有大的帮助。假如类律断言确实是错的，我们仍然面对一开始就可能碰到的关于解释该断言在执行预测和解释任务时能够与我们具有什么样的关系的所有问题。因为，所有这些问题仍然存在：准确刻画定律应用于世界的范围问题，特别是由不准确、语境性和“其他条件均同”产生的所有原初问题。这些问题现在仅仅植根于简单性概念之中，对这一概念的意义的揭示仍然是模糊的，这与理解定律之于世界的应用的原初概念一样含混不清。

近来，在基础物理学中出现一种复杂而精妙的方法观，它认为科学家是在一个实相的框架中工作，在这个框架中，他们用“现象学的”方式假设实体和特性。这并不意味着他们以任何方式把自己限制在可观察对象上，只是表明他们是在一个非形式的“常识的”层面处理他们做出的所有假设。他们用勉强可行的概括来解释他们假设的世界的存在方式。人们并不认为，这些概括等同于我们基础理论的形式定律。因为我们刚刚提及的原因，人们并不把这些形式定律视为对世界本质的真正描述。确切地说，定律的应用是“工具的”。科学家通常只是在他们的隐含的、未系统言明的、不能形式化的实践的语境中认为有必要时才使用定律。这些实践背景取决于正确应用那些现在以工具主义方式理解的定律的开放规则。

这里，我只想对科学的上述解释做一个简短的评论。现象学解释比理论的形式定律更容易被看成“真的”，这是因为前者具有更少的内容。我对这个理由表示怀疑。在某些情况下，我把这个例子所表达的意思简称为“空洞化”。一个命题对世界说得越少，就越容易使之为真。我也怀疑上述关于基础定律所起作用的解释有点自以为是。可以这么说，这些基础定律是“假”的，或者因为深刻的理想化问题而成为“谎言”。但是，在现象学解释中，科学家如何确立世界的实体和特性的所指？现象学解释用来处理高度不可观察的实体和特性，不用把定律看成以某种方式对真实事物的真正描述。人们应当注意，这是十分可疑的。很难想象，科学家是怎样有意义地基于现象学解释谈论夸克的，除非在非正式交谈中“夸克”一词的所指已经以该词在形式基础定律中所起作用的惯常方式确立起来。

这里，在基础物理学的个案的细节和总体的哲学视野的大概括之间，在这个居间的层面上，讨论这样一些问题也是有用的。在科学中，在“其他条件均同”限定或否认理论类律断言的朴素真理的其他理由起着作用的地方，我们能够发现一般类别的情形吗？我们正在寻求一类实例，它可能包括来自各种理论的许多不同的例子，但是，我们这里寻找的是那些不精确性和理想问题在科学自身内所起的作用，而不是这些概念的一般可应用的并独立于个别理论的具体语境的特征。

第一节　系统的非孤立性

用以论证隐含在科学定律中的“其他条件均同”的普遍性的一个通常例子是这样一个系统，其内在动力受某类物理定律的支配，但也受到外界的“干涉”。一个典型的情况是因为系统要素之间的相互作用而形成的分子系统，而系统中的分子总是不可避免地受到外界的干涉，比如甚至受来自遥远星体的引力的吸引。

现在，如果有人向科学实践者（working scientist）提出这样一种典型的例子，并尝试据此论证支配该系统的定律的“错误”，或者，如果有人尝试论证这些定律不能被看成对真实系统的描述，而只能被看成对多少与之类似的某个模型的描述，那么这个人通常会受到冷遇。标准的科学解释不能精确地、正确地描述一个系统，因为该系统受不同程度的外部干涉。科学实践者一般不会担心系统共同具有的这个情况成为重大的方法论问题。为什么这样？因为科学家相信，无论对错，这样的干涉，即便是不可避免的，一般也是可控的。

“可控”是什么意思？科学家相信，目前的科学理论，包括超越了直接应用于该系统的那部分当下理论的重要背景理论，拥有必要的根据表明，在一些情况下外部干涉可以忽略不计。在其他情况下，背景理论允许科学家修补外部干涉，即重视系统的更宽广图景及其在世界中的地位。其方式是，在尝试根据原先使用的、内在可应用的定律描述性地计算系统时，“减去”干涉的结果。

一般认为，可控观念是模糊的、意义不定的。要真正理解这一概念，并在方法论中合法使用这一概念，需要更多的解释方式。但是，这一概念的模糊性和开放性并不是斥之为全然摇摆不定或含糊不清的充足理由。一个纯粹的事实是，外部对系统的干涉无处不在，有时甚至在原则上不可消除。例如引力干涉，以其固有性质，是不能从系统中“剔除”的。这一事实将被大多数科学家看成否认寻找类律概括的目标和关于真实世界结构的假定的原因。正是科学家关于干涉通常是可控的这个直觉成为人们信任科学的核心来源。

然而，系统的非孤立性问题是一个基本的问题，是科学方法论研究中的突出问题。哲学家们一般非常关注非孤立性问题，视之为困难之源。如果我们试图把科学的类律断言看成精确地、无条件地应用于我们希望描述、预测和解释其行为的世界的真实系统，那么，我们就会遇到这个困难。但是，我相信，非孤立性问题在基础物理学中起着十分重要的作用。在基础物理学的一些重要的例子中，所谓的非孤立系统被规范化地视为一个与外界隔离的标准系统。这个非孤立系统已经被看成根本改变人们提出的某些基本解释结构的一个基础。另一方面，尽管干涉使“其他条件均同”成为必要，面对不可消除的干涉，声称的“充分孤立性”所起的作用超过单纯认可把一套定律应用于系统的合理性。在给某些解释计划建立牢固基础方面，关于各种孤立性的论断已经起到十分基础的作用。

让我们先概述系统的非孤立性断言起着基本概念作用的三种情形。据论证，在每一种情形下，一些标准形式或正统形式的理论基本上已被破坏。而且，在每一种情形下，标准理论的基本错误部分地源自它的不合法假定：某些系统可以作为孤立系统被恰当地概念化。

(1) 在牛顿力学的标准形式中，我们把一般系统（陀螺、水桶、太阳系）看成与宇宙其他物质系统相隔离的系统，研究它们的动力学。我们应用基本的动力学定律并引入一系列的力来处理这些系统。在这些力中，一些力的系统的成分相互影响。在一些情况下，我们也通过从外部引入影响系统的“外”力承认某类非孤立性。但是，这些外力在我们探究的系统的生成行为符合动力学定律标准模型时才受到重视。

然而，从马赫所倡导的观点看，牛顿理论的大多数基本原理，“自然的”、非外部作用的、惯性的运动的存在以及据此选择的参照系（在自然法则上不同于这样的参照系，相对于它，非外力作用的运动是匀速的）本身是理论处理的系统与外部环境的隐蔽相互作用的结果。在标准理论形式中，这个相互作用被忽略了。在马赫派看来，是“恒星”，或准确地说，是平均分布的宇宙物质，提供了一个参照系，相对于该参照系，匀速运动是绝对的匀速运动。假如我们假设，在把系统作为孤立系统处理时，人们犯了一个基本的错误；并且假设，所谓的孤立系统与其外部环境其他宇宙物质的相互作用不仅是对我们系统的行为进行一般描述的修正源，而且是支配系统动力的基本相互作用。甚至，假设正是这种相互作用把惯性运动与非惯性运动区别开来。如果这样的理论能够成功地构建起来，人们就会首次获得一个可接受的相关动力学理论。

那么，从马赫派的角度看，按照标准牛顿理论把系统处理为孤立系统，这样的理想化处理不仅导致某类可处理的错误（我们在描述系统行为时可以通过增加“其他条件均同”的限定把这个错误束之高阁），而且是理论中的一个基本的概念错误。正是这个概念错误导致对动力学大多数基本内容的完全误解。

（2）热力学把系统的时间不对称的变化描述为系统从诸如密度和压力属性的宏观不均匀状态到它们的宏观特征的均匀状态的演化。最后的状态不再有任何变化。这一方法探讨一孤立系统从不均衡态向均衡态的变化。该变化的形式特征是，时间不对称在系统的熵中增加。在热力学基础上，如何说明这个时间不对称过程，是一个基本的问题。它还是动力学和统计力学基础中的核心问题，这两大理论试图把热力学事实与宏观客体的微观构造联系起来，把热力学与那些微观组元的动力学联系起来。

热力学和统计力学的许多解释性说明都根据表象看待该系统的明显的孤立性。在一些说明中，时间不对称的动力学变化可以与系统组元的动力学中的所谓基本的时间不对称相关联。在其他说明中，根据系统的组元及其初始条件，时间不对称的动力学变化可以归因于刻画的系统的初始条件的特殊性质。但是，一个十分不同的解释性说明依赖于这样的假定：在标准热力学和统计力学中被看成孤立的系统其实根本不是孤立的。

按照后一种说明，许多因素被一起看成时间不对称变化的解释性因素。首先，在宏观系统的构成状态之间，一定存在一个从宏观上易观察的系统的秩序向仅存于某个细微的关联形式中的内在秩序的转变。这样，在一个箱子内部，一开始被限制在左边的气体到后来就会均匀地弥漫整个箱子中。但是，如果没有进一步的假设，气体曾经被限制于箱子左边的信息在气体分子的细微分布中仍然适合于微观层次。就此而言，这一说明与把系统视为真正孤立系统的其他说明相互支持。

但是，按照系统非孤立性的说明，我们刚才描述的宏观秩序向微观秩序的转化不能充分阐明系统熵的真正增加，还需要其他一些说明项。这最后一个元素是把包含在系统微观状态中的详细信息耗散到系统外部环境中。只有这一点导致系统真正的不可逆。正是在这一点上，系统不是真正与它的外部环境相隔离的事实成为关键事实。一旦系统与外部世界发生作用，即便这个相互作用确实很微弱，它的原初宏观秩序的信息（该信息现在已经被精致地转换成微观组元之间的感官联系）已经流出系统，并流入外部世界组元形成的无数自由度之中。由于基本的非孤立性，人们声称正是这一关系的耗散说明了原初系统的真正不可逆行为。

这里，我们再次反对标准理论，而支持另一个解释性理论。并且，我们再次主张，标准理论的基本错误是，没有认识到它把系统看成真正与外部世界隔离来处理系统的不正确性。这里论证的是，系统的非孤立性并不要求对我们的理论作些修正，但是，如果人们想保证理论的基本解释结构正确，必须认真对待它。

（3）正统的量子力学十分清楚地区分了系统的普通动力学演化和对系统的某些量的测量。与众不同的形式主义描述了这种情形。一方面，系统之间只在动力学方面发生相互作用，而未来联合系统的演化是由理论的一般动力学方程描述的。另一方面，用来确定系统量值的测量仪器对系统是起作用的。

这就是量子力学诠释中的著名“波包塌缩”问题的由来。围绕这一问题，许多人试图解释究竟是什么把测量过程与普通动力学相互作用区分开来。在这些解释中，有的是十分令人吃惊的“形而上学的”解释，如求助于“超验自我”与物理世界的相互作用（魏格纳）；有的要求利用新近受到鼓动的特种物理理论的那种整体工具主义（玻尔）；有的认为在测量开始时把世界分裂为若干平行的宇宙（埃弗雷特）。

但是，人们也试图证明，可以把测量过程仅仅看成一般类的普通物理相互作用的一个子类来理解。其中，针对测量问题的一套解决办法有一个共同要素是我们这里特别感兴趣的。因为它们依赖这样的主张：测量过程的系统的非孤立性对于理解“究竟过程是什么”是基本的。这里，与我们在热力学的例子中所看到的一样，人们主张这样看待测量过程的合法性：在测量过程中，波包塌缩的发生主要依靠关联形式的信息向测量仪器的诸多自由度耗散，向仪器周围的环境的诸多自由度耗散，而系统和测量仪器不能真正与环境隔离。这里，关联形式的信息耗散是以测量对象和测量仪器的联合系统的量子波函数来表示的。该主张一般采取这样的论证形式：在描述系统时，可以抛弃辨识联合系统的原始波函数和测量仪器的干涉项，因为系统的非孤立性使得这些干涉项呈现的观察结果不能重复。基于系统和测量仪器与外部环境的相互作用，人们认为，一个较为简单的、混合的波函数可以用来描述系统和测量仪器。进一步的论证认为，正是波函数的简单性把测量过程与普通动力学相互作用区别开来。

有趣的是，在其他方面有一些十分不同的解释，比如玻姆对测量的隐变量诠释，目前流行的根据纯量子力学和退相干历史态对测量的解释，在刻画测量过程的不同特征时都共同利用了非孤立性假定。

刚才叙述的解释依赖对某些作为真正的孤立系统的理想化的合法性的否定，这些解释中没有一个是当前物理理论中可接受的部分。恰恰相反，每一个解释在力求完全解决它碰到的理论问题时都遇到深刻的困难。对我们来说，这无关紧要。要紧的是，在其中每种情况下，我们都能看到从具体科学问题中内生的持续的争论。在每种情况下，把某类物理系统理想化为真正孤立于其余宇宙的合法或不合法问题是关于该理论的恰当的基础解释结构的概念争论的关键部分。诸如此类的争论表明，理想化形式的合法性在于把不完全孤立的系统看成好像是真正孤立的，对于概念争论来说，它比证明这一点具有更为深刻的重要性：在系统行为中，不可消除但通常完全可控的干涉要求定律受内含的“其他条件均同”限定。

在上述每一个情况中，评估依赖否认系统的孤立性提出的解决办法的生命力是科学中所关心的深刻的内在问题。在每一情况中，需要结合实验和理论两方面来决定：第一，所提解决办法是否能起到预期作用？第二，考虑来自外部的对系统的大的干涉，解决办法的非孤立性假定是否合法？如果宇宙的大结构不同于比方说，根本没有“恒星”的情况，事物的惯性特性会改变吗？真正的孤立系统，如果能够被发现，真不能达到典型的热力学平衡吗？即便测量对象和测量仪器的联合系统仍然完全与外部世界隔离，波函数塌缩还会发生吗（就像吉拉尔迪、里米尼和韦伯等提出的对测量的多重解释那样）？所有这些问题都是他们各自的科学理论基础中的深刻的悬而未决的问题。

在阐明具体的基础物理理论时，还存在使得孤立性问题发挥深刻理论作用的另一条道路。非孤立性问题如何削弱对系统的科学描述的严格真理性？

一个简单的例子来自牛顿的粒子动力学。这里，系统的演化受相互作用力的支配。力的相互作用指粒子之间的互相影响，它支配粒子的加速度。但是，赞同科学对世界的描述必然是错误的人论证说，即任何真正的系统都有其构成粒子，这些粒子受万有引力的支配，无论距离多远，宇宙中所有粒子都通过万有引力影响构成粒子，在我们对该系统建模时，这些力被忽视了。情况难道不是这样吗？我认为，一些科学家对哲学家关于科学描述必然是错误的主张不以为然，是因为这些科学家深信这样的干涉通常是可控的。科学家断言，我们能够估算粒子的大小并确信，在特殊情况下，它们的影响在研究时可以“忽略不计”。

但是，注意到这一点很重要，在具体科学语境中，正是“忽略不计”本身导致一个十分丰富的理论主体。一个粒子通过粒子间产生的力影响另一个粒子的运动，其程度不仅是由粒子的性质如引力之下的粒子的质量决定的，而且是由它们相互之间的空间关系决定的。而它们反过来又由粒子的相对运动决定。因此，动力学由一个精致的反馈系统构成，其中，力决定运动，而运动又决定将来的力。

由此，产生了深刻的理论问题。一方面，在已知条件下，人们何时能够把系统的粒子间的某些相互作用或外部对系统的某些干涉看成是可以忽略不计的？另一方面，何时把这样的干涉看成系统未来行为的重要决定因素？一个主要的原因是共振。即便一个较小的力，如果具备合适的周期性，都可以对该力所施加的系统产生极大影响。但是，共振何时发生？共振何时对系统产生不可忽略的影响？要从理论上理解这些问题十分困难。因此，几个世纪以来，试图解决诸如太阳系稳定性这样的问题总是失败。科学家依赖摄动理论解决这些问题，而该理论对解决精微的共振现象是不恰当的。

当代大多数分析动力学处理这些问题的关键是寻找系统的理论技巧。混沌理论就是这样。系统初始状态的难以察觉的小的摄动甚至对简单系统的行为都能产生巨大影响。混沌理论研究这种影响的方式。在我们看来，重要的是要认识到，要紧的不是系统原则上是非孤立的这样的纯粹事实，也不是这样的简单观察结论，即所有系统都不能满足理想化要求，都不能被严密地处理为似乎孤立的系统。因此也不能说，这意味着我们基于这样的理想化的科学描述在某种程度上总是不精确的。重要的是动力学中共振的理论上的问题、运动的不稳定问题以及当根据这些动力学问题处理真正的孤立和非孤立问题时所获得的真正重要的洞见。因为只有到那时，我们才能看到孤立性的理想化问题其实是真正重要的科学和方法论问题。

在离开这个话题之前，简短地讨论一下系统的孤立性问题在基础物理学中起作用的另一方式，也许是有用的。这里，我想集中讨论孤立性假设所起的某些正面作用，这个作用远远超过假设外部干涉可以忽略不计的纯粹的负面作用。

因果感应不能比真空中的光速传播得更快，这个相对性原则制约事件之间的因果相互作用。在形式化的量子场论中，这个假定起着基本的作用。在每个寻找严格的理论系统化形式的意图中（这是一个不断发展的、极其困难的计划，正如朴素理论充满着严重妨碍清晰理解该理论的数学问题和概念问题），我们都在某些地方发现了这样的“因果性原则”。一个标准形式是这样的公理假定：数学上表示场量的算符的交换因子一定消失，因为空间式的（spacelike）时空中的点彼此分离，就是说，没有联系它们的因果信号。我们应当注意，对事件之间可能的因果感应这一限制与下述著名的量子力学结果决非不相协调：在空间式分离的实验结果之间存在奇怪的概率关联，根据从过去的因果联系把信息传递过去的局域隐变量不能解释这一点。相对论的这种强加观点（即对于这样的因果联系有一个基本的限定，它肯定被植于与相对论时空的背景假定相协调的理论中）导致一种预设的孤立性保证，它与相对论之前的物理学的任何这样的概念是不同的。

有一种不同的孤立性假定，它与我们先前的例子中讨论的孤立性概念有更为密切的关系，在对量子场论的某些基础性解释中也起着作用。这就是所谓的“簇分解原则”。按照温伯格的说法，“在空间上充分分割的实验有各不相关的结果，这是物理学（乃至整个科学）的基础原则之一。费米实验室测量的各种碰撞的概率不应依赖欧洲核子研究中心（CERN）正在做的各类实验”。簇分解原则是对这一思想的形式化处理，其他重要的理论假设可以加上这一原则。其他原则基本上包括相对论和量子力学中的那些原则以及粒子散射可以根据所谓的“S-矩阵”（散射矩阵）建模的假设。散射矩阵可以从代表散射粒子间能量的相互作用的哈密顿函数中产生。簇分解原则，再加上其他这样的公设，对于解释为什么标准理论一直能够那样建构大有帮助。就是说，它解释了为什么标准理论能够根据描述粒子产生和湮灭的算符并结合以标准方式应用的能量和动量守恒的基本原则来建构。

这里，我们想以有点独立于原始量子场论的方式重建现存理论——量子场论，同时该重建理论更清楚地表示构成形式主义基础的基本的物理原则。代之以始于直觉的场概念及其向傅里叶成分的分解（根据量子化，它首先导致正统的形式主义），我们从强调实验孤立性的基础假定所起的关键作用的第一原则出发派生出这个理论。

这样的一个原则对于“所有的科学”都是基础的。温伯格的这个评论十分重要，具有高度的启发性。直觉的观念是，没有一个足够的系统孤立度，我们绝不可能获得任何描述世界的类律规则。因为，除非系统在行为上彼此充分独立，理解宇宙的甚至最小部分的演化都将意味着要追踪其所有组元的行为。很难想象，在这样的世界里还能找到预测和解释的方法。

系统孤立性的标准预设仅仅是一个理想化产物，该主张的真理性可以这样来论证，即外部干涉通常是可控的，理想化因而通常是合法的。但是，如果刚才讨论的主张也是正确的，那么可以论证，除非这样孤立性的理想化在绝对主导的实例王国中具有充分的合法性，我们根本不会有任何科学。

第二节　理论的局限性

我们还有另外的理由把科学描述看成理想化的，有另外的根据否认与所谓系统的非孤立性相关但也相区别的科学论断的真理性。这个认识的理由或根据在于这个事实：我们的理论只提供对世界的部分解释。没有一个理论会给我们事物是如何的一个完整的描述。每一个理论只解释自然界中它自己的解释范围的那部分。理论的局限性在一些重要方面与其他问题相关联，这些问题在此暂不讨论。这些问题是，任何已知理论通常只是被看成理论域中的暂时理论，它将来会被更深刻的理论取代。后者可能将当时部分理论整合进一个具有更宽广的现象域的理论中。在这一点上，我本人不是对理论的短暂性问题感兴趣，只是对一定时间的科学中的理论的局限性感兴趣。

说明理论局限性的一个标准的例子是关于检验对象的。一个检验对象的运动受力的影响，而力是其他对象和该检验对象发生关系的结果。这里，通常强调，检验对象的运动只考虑检验对象与外部粒子或外加的场的一种相互作用，对该运动的预测或解释从不能提供对检验对象行为真正可靠的预测或恰当的解释，因为被预测或解释的检验对象的运动不只是所考虑的一个力的结果，而是系统的所有因果作用的结果。

这里还有一点值得注意，科学哲学家把科学解释的不恰当性归因于解释的局限性，而科学家在实际工作中通常对此并不在意。科学家对部分科学哲学家采取明知故犯的冷漠态度的原因类似于科学家注意到非孤立性的全局问题时对如此多的科学哲学家所持冷淡态度的原因。事实是，在许多情况下，与那些理论应用中所处理的错误不同，忽视那些力而造成的错误是可处理的或可控的。基于当时的整个背景理论，我们可以看出对其他那些力的计算结果是不重要的。就是说，我们有一个好的、科学的理由相信，把这些力都考虑进去时预测到的检验对象的运动与只考虑其中一种力时预测的运动并非迥然不同。在其他情况下，忽视其他力所造成的错误也许是实质性的。但是，科学家也许在这样的语境下工作：在预测和解释性纲领的某些部分，已考虑到系统的边际效应。

不能否认，可控性（controllability）的一般问题是一个棘手的问题。很难说清楚，可控性的一般含义究竟是什么。人们想知道，是否可以得到这样的可控性概念，它应用于广大范围的科学实例，因而具备显然易见的形式。很可能是，可控性概念的应用是如此依赖语境，以至其一般概念至多是由一种维特根斯坦式的家族类似（Wittgensteinian family resemblance）归并而成的更精确的可控概念的松散集合。

当人们提出理论的局限性问题时，就有一个标准的受迫运动需要解释。而且，就我们希望预测或解释其运动的检验系统而言，它得到了最清晰的阐明。在经典物理学背景中，运动是通过力的理论中介来说明的。当检验系统受力的支配时，它就偏离了它本来的自然的惯性运动。但是，假使检验系统正与环境发生许多不同类型的相互作用，将会怎样？我们可以把每一种相互作用都看成产生各自的支配检验系统的力。如此，如果它与所有物体发生引力相互作用，它就受引力的支配；如果它带电，它就受电力的支配……最后，检验系统经历的运动的变化是累积的变化，即计算每一种力所导致的变化的总数。如通常指出的那样，我们那时就能够尝试根据这种力或力分量，而不是一般的力，拯救类律断言的真理性。一个粒子所受的引力能很好地遵守平方反比定律，而一个粒子所受的力一般并不遵守该定律。

我们在后面还要详谈，这里所看到的是一个过程，它在允许我们面对论断的不恰当性拯救其真理性时将起到许多十分明显的作用。这里我们看到，尽管定律在描述世界时有着明显的局限性，在试图保持定律的真实性方面，这个过程仍然起着作用。这个过程是通过减少该断言的内容起作用的。定律并不被看作是关于力的，而被看作是关于一个力的类别或力分量的。存在通过减少内容拯救真理的其他方式。大家以前就注意到，拯救真理的最普通的方式是，通过在断言中用值域的范围或分布取代某些精确量值来减少某些包含量值主张的内容。例如，代之以宣称 $f(a)=b$，我们可以宣称 $f(a)$ 处于某些值域中，如处于 b' 和 b'' 之间。其他拯救方式，如果不太看重形式，也大致如此。有时，人们把一个断言看成近似的真，而不是严格的真，以此来削弱断言的内容，但是，人们也许可以用另一个相关的断言来取代该断言，相关断言毋庸置疑的真理性可以通过缩减它的所谓丰富内容来得到。

这是对我们的断言进行“削减内容”（thinning the content）的过程的一个例子。例如，一个断言不能被看成是严格真的，因为它只处理局部世界的信息，削减其内容可以增加断言为真的概率，即人们可以说一个断言是真的，或至少是“逼近真的”。当然，一旦断言的内容被削减，它就对世界说得少了。那么，在要求预测或解释的具体情况下，被削减的断言如何应用于世界就值得怀疑了。如果我们希望预测一个粒子将来的运动，那么我们应用引力定律的办法一定要比无条件地应用力的定律的办法更为复杂。在牛顿力学中，我们只需要使加速度与适用的总力一致。但是，如果我们想预测实际的加速度，而不仅是“重力加速度”，我们就需要阐明被更为有限的定律所忽视的其他相关的力，在这样一个适当的背景语境中应用引力定律。

我们应当把这样的分量实体看成引力或把重力加速度的分量看成世界的真正的实体吗？或者，即便我们认为全部的力和全部的加速度是真的，我们应当把它们看成是虚幻的吗？我怀疑这里是否真有那么多的本体论问题需要讨论。我们能够以无数方式把对象划分为空间组分。这不是否认那些实体组分的理由。把过程划分为时间的阶段或部分也是这样。一旦那些实体本身被看成属于自然界，似乎没有理由否认其他实体的部分是实在的，即便该“部分”概念不单指时间或空间。我们可以根据矢量分解把诸如力和运动这样的矢量分解为它们的分量，根据傅里叶分析把场分解为它们的平面波。不论考虑什么样的构成方式，把这样的分量看成与构成它们的实体是一样真实的，似乎不需要付出多大的形而上学代价。

关于理论的局限性，重要的是，在背景科学语境中，以什么样的方式处理这样的不完全性。例如，我们知道，运动的变化是由检验系统所具有的与世界中的其他实体（无论是物体还是纯粹场）的各种联系所促成的。而且，我们还知道，如果许多这样的联系同时被认识，当我们正确地描述或预测运动的所有变化时，所有这些关系都必须考虑在内。无论是作为真实分量的总量，还是作为其分量是伪分解中的虚构元素的仅有的真实事物，人们如何看待这个效应的加成性都无关紧要。重要的是能够发现在纯粹单分量形式中把运动变化与因果境况联系起来的分立的定律。找到附加的原则这一点也很重要，加成原则告诉我们，当需要多方面应用这些定律时，如何联合应用它们。

较本体论问题更有趣的是多重应用的原则的性质。这些原则中最重要的是线性原则。在某些情况下，我们可以把各种不同的力施加与检验系统的效应看成每一种力各自施加与检验系统的简单加成的结果。正是这一点允许我们谈论一个总的力的矢量，它的分量是各种各样的力，而不只是一些单种力的时间分量。即使线性起作用，考虑多维的力可能根本不是简单的事。一个带电粒子所感受的净静电力取决于它与其他带电物体的分隔。这将取决于它的运动，进而又取决于其他所有存在的力。但是，当保持线性时，我们不需要调整对一个处在特殊位置的物体的静电力总量的估算，以此考虑同时还有其他什么力对它起着作用。

背离线性是很重要的。最著名的例子也许是孤立性问题，而不是局限性问题，但是，我们这里还要提到它。我们当代的重力理论、广义相对论就是著名的非线性理论。大致说来，重力是任一质能与其他所有质能的耦合。但是，当引力相互作用在粒子之间发生时，要估算产生的质能分布，进而估算产生的引力场，就必须考虑相互作用的特殊能量。再者，我们没有希望通过检验粒子与其他每一物体各自的相互作用结果的简单的和得到检验粒子与其他两个受引力作用的粒子的相互作用。而且，人们通常已经清楚地指出，有其他许多情况。例如，把两个原因同时赋予一个检验系统的后果会导致该检验对象的变化，说这个变化是每一原因本身所造成的结果的简单加和，是没有道理的。

于是，毫无疑问，那些向我们强调定律和理论的局限性的人把我们的注意力引向重大方法论问题。有一个主张，即单个理论的局限性的基本后果是，任何解释，如果只考虑任一时间的理论，就不能对世界上事物的全部行为给出严格的真描述。挑战这一主张是没有益处的。不过，我怀疑，通过主张单个理论只适用于某一模型处理这些问题将是很有帮助的，这一模型被看成仅受单一因果因素影响的理想系统。诉诸模型解释的支持者于是引入模型之于世界的相似性观念，使得把单个理论间接应用于受多重因素影响的真实系统的世界成为可能。刚才已经强调，人们真正关心的是如何把局部的解释应用于具有诸多原因的世界。这样的关注是基于多重原因如何联合决定单一结果的这一现实问题的。但是，重复一下先前的论证，所有这些真正的问题必须提出来以解释模型之于世界的“相似性”的根据所在，如果我们把单个理论看成可以直接应用于真实世界，并承认来自每一理论本身的局限性的适用性概念所固有的复杂性，那么，这些将是我们要直接面对的同一问题。

可控性肯定是理解这一问题的关键。即便我们在零碎的基础（逐次提供一部分定律或理论）上处理预测和解释，可控性也提供对科学实践共同体的工作的乐观评价：通常一切都能顺利进行。削减内容的办法有时也能提供一个有用的语义框架，通过把其自身的局部结果赋予每一理论来运用一组局部的理论。

但是，什么是在科学上具有重大意义的论题，能够给我们提供丰富而有趣的方法论问题的论题？这样的论题只集中讨论科学语境本身如何能够用来给我们提供处理局限性问题并把诸多局部解释融入更完全的“总体”解释的规则和原理。这里，需要探讨线性假设的性质和范围或联合考虑多种原因的更为复杂的规则的性质和范围。科学如何划分局部原因？如何根据审查中的局部理论尚未重视的不可避免的证据来检验局部定律和理论？如何同时使用各种局部解释？探究这些问题，将会揭示很多秘密。人们还想知道，温伯格的评论在这里是否适用？温伯格问：就像把不是真正孤立的系统处理为好像是真正孤立的那样，在各自的科学探究中处理各自的原因的可能性是我们当初发现定律的先决条件吗？

在第四章第五节，我将进一步解释理论的一种特殊类型的局限性，以及处理理论的这一局限性的特殊方法。

第三节 极限的作用

在很多情况下，为了找到一些定律或理论精确或严格适用的对象，人们必须引入系统概念，它被刻画为某些更为实在的系统的“极限系统”。这就给我们提供了另外一种情况支持这样一个论证：严格地讲，科学定律或理论如果被看成世界上的真实系统，那它们就是错的。定律通常只是“在极限中”①才是真的。如同前述，这一思想的自然延伸是宣称构建的定律或理论只是在运用该极限方法时才是真的，然后把定律或理论适用于真实世界的问题转化为刻画模型与世界的相似性问题。

如同前面所论孤立性和局限性，我还要论证，尽管是无害的甚或是方便的，引入模型和相似性概念对于理解该定理和理论与世界上的真实系统之间的关系不会有太大帮助。并且，一如以前，我将论证，在许多情况下，我们的定律和理论只严格适用于真实系统的理想化的极限情况，科学共同体正确地把这一事实看成仅仅是适当关注极限的理由。这些例子再次说明，取极限值的理想化的应用在背景科学那里是高度可控的。

这一极限理想化的可控性具有许多不同的形式。例如，考察一下这样的运动系统，除了考虑所施的力，它还受某种摩擦力的影响。在许多情况下，我们可以把该系统看成是没有摩擦力的系统或处于“零摩擦力的极限情况”的系统，以此给该运动一个理想化的解释。理论本身的某部分可以使理想化的处理合法化，它告诉我们，当摩擦力没有精确到零的时候，理想化在多大程度上失效。辅助性解释能够使我们处理理想化的严密性程度问题，它可能包括在考虑摩擦力情况下可运用的对手头问题的更一般的解决办法。这又允许我们对理想化的解决办法和引入不那么理想的描述系统时所获得的解决办法进行一个直接的比较。

---

① “在极限中”意指对定律中的量取极限值。——译者注

但是，我们甚至不需要这样一个更一般的解决办法。在一些情况下，我们的理论使得我们能够估算一个更精确的解决办法在某些参数范围如何最大限度地不同于我们的理想化解决办法。即使我们的理论不能恰当地给我们提供理想化程度下降后所获得的解决办法的全部细节，这样的估算还是值得相信的。结构稳定性理论是广义动力系统论的一部分。其中，有一个理论控制理想化的、特别有趣的例子。对于诸多类别的系统，结构稳定性理论可以告诉我们：当我们转而利用较少理想化的理论预测运动的特征时，我们利用理想化理论预测的运动的许多质的特征还将保留下来。例如，结构稳定性理论有时能够告诉我们，只要真实系统与理想系统的偏差保持在一定的明确范围之内，当得到理想化情形下的解决办法时，运动的吸引子的结构、运动状态（系统的运动经过较长时期会发生变化）将与计算结果保持一致。因而，在这些情况下，我们可以确信，如果我们的兴趣在于运动的定性的整体动力结构，而不在于定量的局部细节，我们就不必担心在我们对运动过程的解决方案中引入理想化条件会导致解释的错误。我们的理论告诉我们，即便对一个不太理想化的系统给出一个更为精确的刻画，据此所预测的运动的结构特征与那些根据理想化情形预测的结果将是一样的。

但是，从方法论和哲学的角度看，正是可控性不存在的情况更为有趣。这里，“趋向极限”所起的作用和理想化语境下的工作更为精妙。在这些情况下，为了搞清楚究竟极限的作用在理论理解中是如何发挥出来的，有时需要理论科学取得较大的成就。趋向极限的理想化的深刻的合法性问题正是出现在这些不可控的情形中。在方法论者看来，会出现这样的问题，即我们能否厘清那些更为一般的理论策略，那些策略对这些更为根本的类别采用理想化极限的形式。

在尝试理解由大量微观组分构成的宏观世界行为的理论中，特别是在那些像统计力学在微观层次上诉诸概率因素的理论中，我们能够发现各种各样不太容易处理的、趋向某些极限的理想化策略。这里，通常的情况是，我们可以有一个理论，它根据系统的宏观上可把握的特征来构建。这些系统遵循一系列深刻的定律，像热力学定律和支配各种宏观物体的更为特殊的定律那样，这些定律支配着那些宏观系统的相互作用。对于宏观物体由微观组分组成的方式，我们也有详尽的了解。描写微观组分，不需要利用宏观理论中阐明的具体的宏观特征。微观组分的行为受已知的动力学定律和描述微观组分彼此间相互作用的具体的力支配。具体的宏观定律，如热力学原理，在这种微观描述中不起作用。好的纲领是预测和解释宏观物体的行为，其基本前提是了解宏观物体的微观组分的构成和支配那些微观组分的定律。

把宏观建立在微观基础之上的这两个相互关联的努力，反映在把流体动力学和热力学建立在事物的基本构成之上的企图中。这个基本构成物被看成是由相互作用的大量分子构成的宏观事物。在这两种情况下，原来的宏观物的理论是根据连续统概念构建的，宏观事物被看成好像是连续的，在每一点上具有密度，好像具有速度场和温度场这样的连续的宏观特征。不过，基本构成理论告诉我们，这一连续性理想是误导的，宏观物体实际上是由分立的元素构成的。

试图充分理解宏观理论和那些刻画微观领域的理论之间的“还原”关系的纲领面临着巨大的困难。特别是，在热力学中，可以这么说，人们对于如何理解宏观表述与微观表述之间的关系存在着深刻的分歧。确实，许多人会否认，可恰当地称为“还原”关系的东西完全能够存在于两个层次之间。为了把宏观理论建立在微观表述之上，有必要引入稍后出现的概率性质的基本假定。这些似乎超越了微观组分构成宏观物体的这个性质所包含的一切，并且，可以认为，它们也超越了从支配微观领域的动力学定律所推知的一切。这些概率假定应当是什么？在赋予它们的解释功能中它们起着怎样的作用？它们本身又如何得到解释性说明？所有这些问题都是基础理论中悬而未决的深刻问题。这里，我们只能稍微触及这些问题。

处理极限情形的理想化在这些统计力学表述中所起作用的方式很多，我很想集中讨论这些方式。当钻研这个理论时，人们就会看到，在尝试从关于微观层面的现象的概率的构造性断言推进到宏观层面现象的预期的类律描述时，要反复应用极限型推理。应用这些极限方法（limiting procedures）取得预期的结果，会遇到各种各样的困难。一些极限方法类似于我们刚刚谈到的易处理的、可控的极限型推理。但是，在统计力学中，其他一些极限型推理的例子似乎具有完全不同的性质，因为它引入了各种“不可控的”结果。而且，在理论中应用极限（limits）通常比应用极限方法在理论和概念上更为深刻，更充满争议。只是忽略了临界有效留数，通过极限的应用才能获得极限方法。

有一种极限所起的作用无处不在，它处理一个被看成无穷大的，即具有无穷体积的系统。在该极限情况中，人们也可以把该系统看成由无数微观组分构成。但是，人们假定理想系统的密度与考察中的真实的、有限的系统中的密度等同。这就是所谓“热力学极限”。

这一极限概念在历史上起过许多重要的作用。它允许理论家不理会“边际效应”。系统（比方说，盒子中的气体）通过容器壁与外部世界连接导致边际效应。这个作用就是那种无害的、可控的“趋向极限”。热力学极限也用来证明这一假设：在预测系统的宏观行为时，把概率引入理论的许多不同的方式将导致同样的结果。在该理论中，人们都知道它表达了“热力学极限中的系综等价”（如微正则的和正则的）。热力学极限的另外一个非常重要的作用是，它可以证明这一假设：利用引入的概率假设计算的均值与大多数应用相同概率分布所计算的最大可能值一致。均值带有观察到的系统的宏观特征，识别均值的理论起着合法的解释性作用。对上述两个不同的概率数的辩护在说明该解释作用的一些基本原理中起着重要的作用。而在说明宏观层次的相变的理论中，热力学极限的理想化用来推断特征的锐相变。特征的锐相变是在（理想化的）宏观理论中假定的，而如果人们坚守有限系统，则它不能在统计理论中得到。在最基本的方面，热力学极限用来表明，在与宏观特征一致的概率微观层次计算的量将具有所做辩护必需的正常特性。比如，统计力学的熵，将如所料，成为系统的广延（加和）性。

有趣的是，在这一极限过程的许多应用中，可控性是存在的。在这些情况下，我们的理论确实能够帮助我们估算一下我们能够期望我们真实的有限系统的行为在多大程度上不同于理想化的、无限体积和无限成分的理论系统所预测的行为。例如，我们可以控制各种涨落量。涨落现象虽然困扰有限系统，但它却在热力学极限中消失。这将帮助我们估算，对有限系统而言，如何证明各种系综彼此不完全等同。又如，我们能够估算困扰有限系统的边缘效应的大小。

不过，热力学极限不是理论引入的唯一重要的极限。例如，其他论证经常注意到时间极限。我们期望从“时间趋向无穷大的极限”系统中获知一种行为，只有通过研究这种行为，我们才可以得到那些经常出现的结果。有时，这一极限的合理性应用来自这一论证：比较一下与分子过程相关的典型的时间，宏观测量需要的时间太长。但是，众所周知，应用极限的这样的合理性论证有些偏颇，严谨的理论通常回避这种论证。

对时间趋向无穷大的极限的一个典型应用出现在这样的纲领中，该纲领表明，即使一开始就没有一种概率适合于系统的平衡条件，适合于已知系统的概率分布将随着时间趋向适合于平衡的概率的无穷大而演化。我们应当注意，该系统已经在它们的理论描述中由许多可疑的理想化所刻画。我们还应当注意，达到概率分布的平衡只能通过所谓的“粗粒”（coarse-grained）感。这样的概率分布经过时间的行为叫“混合”（mixing）。然而，引入这样的概率分布的极限行为通常部分地解释了为什么始于非平衡的系统会走向平衡。

极限的这一应用通常是不可控的，这很有趣。例如，应用结果并不能告诉我们，在某些意义上，在无限时间的极限中取得的平衡给我们提供了推知在任何有限时间中发生的事件的根据。大家知道，系统可以经过巨大的时间区间远离平衡，或者甚至经过巨大的时间区间离开平衡而不是接近平衡。但是，我们真正想从理论中得到的是对单调有限时间的预测性和解释性描述，单调有限时间接近我们希望从世界的实际系统中发现的平衡。在这一点上，哲学家可能想起所谓的归纳辩护。该辩护只告诉我们，归纳将“长期”起作用，即在无数观察的极限中起作用，但是，它不能给我们期望归纳在短期内成功的理由。

其他更精妙的例子是诉诸原子-概率表述宏观热力学行为的不可控极限。一种理想化极限是玻尔兹曼-格拉德极限。人们认为它适合于研究低密度气体，因为它所问的问题是，当粒子数 n 趋向无穷大，分子的大小 d 却趋向零，而 nd^2 保持不变时，在极限中会发生什么？这意指在这个极限中气体的密度趋向零。这一理想化方法用来尝试推导一个系统的完全的、有限时间的非平衡行为。它的目标是以严格的方法推导出著名的玻尔兹曼方程。该方程描述削减气体达到平衡的途径，它由玻尔兹曼（和其他人）仅仅通过利用整个理论很难合理论证的概率假设推导出来。这些假定的问题是，它们必须在每一时刻得以解决。这指的是可疑的一致性，因为不同时间的概率彼此不是相互独立的。新的表述使用了不太矛盾的概率假设，假设了只在瞬间的“随机性”（randomness）。人们能够推导预期的方程，但是人们只能表明该方程保持的时间不长，这是令人扫兴的。有理由相信，这个结果可以长期（其实是物理上关注的时期）保持不变。但是，很奇怪，也有理由相信，这个结果的任意长时间的扩展将只为精确满足极限理想化条件的系统所保持。就是说，很值得怀疑，该结果可以作为“近似真”扩展并在任意长时间里保持不变，甚至对于运用任意小量的理想化的其他不同系统也是这样。因此，我们又一次应用了理想化的极限方法，它有趣地显示了不可控的特征。

这种理想化在理论中的地位在方法论上受到关注是有其他原因的。确切地讲，趋向构成系统的无数微观组分的极限的理想化在理论中的解释性作用是什么？从遍历理论和系综混合的角度看（从这个通常角度出发，可以在时间趋向无穷大的理想极限中取得结果），无数组分的理想化的作用受到限制。它的唯一作用是保证对理论来说必不可少的概率分布将在某个单一值附近达到最大值。从这个角度看，即使系统中只有较少微粒，由其他理想化所取得的所有结果甚至在有限构成系统的情形中仍然保持真实。就是说，这些结果在这样的情形中不太有用，因为状态概率将会扩展，而不是集中在组分数量较大时的单一的宏观值。

但是，从玻尔兹曼方程严格推导的角度看，无数组分的理想化作用更加重要。只是在玻尔兹曼-格拉德极限中才能取得预期结果。现在还不清楚，对于组分数量较小的系统，这些预期结果真能告诉我们什么吗？

非平衡统计力学的标准“混合”型合理化论证与应用玻尔兹曼-格拉德极限的合理化论证有着深刻的概念冲突，注意到这一点很重要。虽然在两种方法所取得的结果间没有形式上的数学矛盾，但两种理想化都力求解释两种根本不同的理想化中的非平衡行为。

为了在热力学方面构建对宏观世界的类律行为（lawlike behavior）的解释性理论，需要把许多概率假定与理解组分的动力学相互作用理论即宏观物体的微观构成理论结合起来。但这样的理论的概念结构应当是什么，目前还没有达成一致意见。为什么在统计力学的解释中存在严重的意见分歧？这有许多原因。基本概率假定的性质、对它们的辩护、它们在解释性理论中的恰当的作用都与其中一些分歧有关。但是，在它们的核心分歧中，还包括其他利用一些极限方法构建的这样或那样的理想化在理论中起到什么合适作用的争论。恰当极限的性质，它们实际代表真实物理系统的合适性，它们在理论解释性结构中的地位，所有这些方面都充满争议。

毫不奇怪，理想化在理论中的作用充满争议。用来解决这些争议的纲领把一般的方法论思考，如那些处理概率解释的真正性质的方法论思考，与来自实验、理论科学本身的思考结合起来。然而，正如在关于系统的孤立性问题的情形中所见到的那样，我们所发现的是，关于理想化在理论中的作用的大多数有趣的问题不是那些方法论哲学家首先想到的问题。极限理想化的引进使得我们理论模型的性质区别于真实物理系统或真实物理过程的精确性质，这个事实本身不会引起科学家更多的关注。如果趋向极限的理想化方法有一个明显的可控性质，定律只是理想模型的定律这样的事实就不会引起惊慌。确切地说，科学实践家只是在下述情况下才真正关心理想化问题：嵌入的背景理论使得对恰当的极限的选择明显灵活；极限在我们的解释性表述中起着深层结构性作用，其本身充满理论争议。而且，我认为，方法论哲学家也会在这类有趣问题中发现最丰富的线索。

我们这里可能注意到，极限过程（limiting processes）在基础物理学中起着另外的作用，就是说，它具有深刻的概念上的重要性。这个作用表现在一些旧理论与一个新的替代理论之间的关系中，旧理论被看成替代理论的“近似还原”。牛顿力学、引力理论与狭义、广义相对论的关系中，牛顿力学与量子理论的关系，据说都存在这种情况。在两种情形下，“趋向极限”都起着关键的作用。在第一种情形下，让光速趋向无穷大；在第二种情形下，让普朗克常数“很小”。这里只要承认这一点就够了：特别是在经典物理学与量子力学的关系中，极限过程所起的作用确实非常微妙、复杂。

第四节　模　　型

方法论者已经反复指明，模型在理论科学中普遍起着作用。例如，我们不断看到，科学家把系统描述为“好像”它们是某类更为熟知的系统。以这种“装扮”的方式处理系统常常给我们提供一个对该系统进行预测或解释性控制的最佳路径。同时，我们通常也被提醒，把真实系统看成在所有方面真正近似于模型是错误的。我们学会很多关于分子和它们作为稀化气体的组分相互作用的知识。因为，我们对它们进行动力学说明，把它们看成好像是在箱子里碰撞着的又圆又硬的弹子球。但是，每个人都知道，分子与弹子球在许多方面很不相似。当我们唯一关注的是碰撞中的动力学相互作用时，它们与弹子球就更不相似了。我们把原子核刻画得好像是水滴，它由导致表面张力的分子内聚力刻画。这样，我们就了解到许多关于核裂变的知识。但是，甚至在裂变过程本身中，在很多不同方面，核行为与裂开的水滴很不相似。

为了解释和预测的目的，致力于刻画模型在理论建构、检验和应用中的多样化的作用将是十分艰巨的任务。模型具有极为多样的形式，模型应用的方式也是多种多样的。虽然方法论文献已经讨论许多建模过程的例子，虽然我们已经做出许多有力和有益的观察以了解模型在科学中所起的各种各样的作用，但是，它们像什么？在它们的多重形式和作用中，它们的功能是怎样的？对此，我们远没有做出仔细和详尽的刻画。建模概念如何能或不能帮助我们探寻方法论问题，我在此只想做一些简短的总括性评论。

第一，我想重复一下我的直觉看法。如果我们关注的问题是我们的理论和理论应用的对象——真实世界的语义联系，诉诸模型观念对我们帮助不大。在基础科学中，几乎没有一个深刻的理论断言可以被严格地看成是对系统的真实描述。如果我们被这一事实困扰，我怀疑求助模型观念能让我们轻装上阵。如果我们只打算把科学断言看成模型的真断言，而不是看成芜杂的真实世界系统本身的真断言，我们将仍然需要理解断言与真实世界及其特征的终极关系。有人建议说，这一关系可以用双重的间接的方式来分析，即先把断言看成模型的绝对（simpliciter）真断言，然后通过某些“类似”关系把模型看成与真实系统相关。正如我先前所言，这个建议本身不能给我们带来更多的东西。因为，“类似”的含义仍然是一个待理解的问题。我猜想，抽象地理解这一点是不难的，即模型和真实系统具有某些共同的特征，但在其他方面则不同。但是，如何根据具体情况精确解释其“共同的”（sharing）特征当然是所有引人瞩目的哲学分析都应当承担的任务。一个基本的问题是，如果我们有办法理解模型观念，而且这个办法不只是那些用来刻画断言与真实系统的复杂的语义关系的策略，我们会首先直接分析语言与世界的关系吗？如果情况不是这样，为什么不是这样？通过谈论模型，我们可以找到刻画我们前面讨论的理想化的许多特征的有益方式。但是，它没有希望成为理解理论的语义学的有效途径。

第二，我想强调模型可能起到的两个不同的作用。首先，在一些情况下，科学家十分肯定该真实系统在重要方面不能与模型一致。一些人通过碰撞的又圆又硬的弹子球的动力学审查来探究统计力学中的遍历理论。他们深知，组成气体的真正的分子在许多不相关的方面，比如它们的大小或它们的组成，与这样的弹子球完全不同。此外，他们一开始就意识到，甚至在模型用来说明真正系统的行为这样的方面，模型对真实世界的描述也是失真的。因为，动力学理论的初衷就是，分子间的动力最好由“软”的引力势相互作用表达，而不是由“硬”的、完全弹性的用来刻画模型的弹子球的瞬时碰撞来表达。

但是，在其他情况下，模型被合理地看成代表“事物的实际状态”。或者，更保守地、似乎更合理地看来，模型只是在这种情况下才被看成真实系统的代表，即人们没有确定的理由认为模型不能充分代表事物的状态，或者至少近似地代表事物的状态。在这种情况下，人们知道，人们对世界的描述已经求助于理想化策略了。而且，人们怀疑对事物的严格的真描述所导致的结果可能与根据理想化、模型、程序所计算的结果不同。但是，人们仍然把模型看成对事物状态的刻画，如同上述情况，它在重要的方面不是完全失真的。

也许，在某些更深层面把这两种情形看成彼此并非真正不同，这是很有意思的。在看到第一类模型如何经常在基础科学中得到应用之后，人们就倾向于认为，所有的科学描述是对世界的某种隐喻解释。在这方面，我们可能了解到一部分这样的主张，即科学断言不涉及或不真正倾向于涉及真实世界，而只涉及模型。

但是，我相信这样的主张是十分可疑的，理论上可能是混乱的。为了描述一个系统，我们需要找到一个真正用来刻画该系统的观念，这个观念不仅仅用来刻画被看成模型与真实世界的某类隐喻关系的其他一些系统。不抓住这个观念，我们就很难理解什么算得上系统间的“相似性”。特别是，很难理解什么可以使得模型系统尽量成为真实系统的合适的隐喻。这样一个相似性观念，对于那些只把定律和理论看成用来刻画模型而不是用来描述世界的人所提供的任何表述，将是本质的。因为没有相似性观念，他们甚至一开始就不能解释我们是怎样应用定律和理论预测和解释真实系统的行为的。如果把定律和理论看成是描述模型，而不是描述世界，如果定律和理论不能表达模型与世界的真实系统的关系，那么定律和理论就会是漂浮的、易变的。这样的定律和理论不比我们选择的任何想象世界的某些虚构的故事更好。除非我们把某些断言理解为真实系统的实际性质的断言，我们无法了解理想化策略和模型的引入是如何达到真正的科学目的的。无论理论是什么，它们不只是隐喻。

但是，我一直努力强调，假如大量重要的理想化策略被构建出来以理解理论是如何应用于世界的，那么就可以肯定我们的定律和理论只适用于真实世界。解释这样的理想化策略在推进严格的、系统的并仍然适用于芜杂世界的理论中所起的作用，确实是一个重要的方法论任务。如何把确实不孤立的系统处理为孤立系统，如何把确实是部分的理论处理为综合的，如何把不存在极限形式的真实系统和过程处理为存在极限形式，这些都是关键的问题，它们在我们关于世界的理论中能够起到合法的作用。

我已经论证，在方法论上解决的理想化问题，较之我们有时想到的，在一些方面容易，在另一些方面相当困难。在使用对世界进行理论表述的理想化模型的许多情况下，科学共同体能够轻松地恰当看待可能发生在理想系统或过程与真实系统或过程之间的偏差。在这些情况下，我们的科学理论本身，或者是该理论，或者是预设的相关背景理论，给我们以足够的信心和能力去处理引入理想化策略所招致的后果。在这些情况下，我们能够以这样或那样的方式控制理想化过程。但是，在其他情况下，在该理想化过程的真正合法性方面，人们之间还存在着深刻的、基本的分歧。或者说，如何限制对特定理想化策略的合法应用？对这个问题的理解是一个棘手的问题。

在一些情况下，真正理解人们研究的一种理论，真正理解在论及的经验主义范围内假定持有的基本解释性结构，这些都以科学家看待理想化的合适性信念为转移。在其他情况下，即便理想化的合法性和性质毋庸置疑，把理想化情形和现实情形联系起来的合适方式可能不容易找到。前者使人想起非马赫或马赫动力学理论中孤立系统的理想化所起的作用。该情况的另一面抑或使人想到统计力学的各种竞争性合理化策略中无穷组分和无穷时间的理想化所起的极为不同的作用。后者使人想到人们希望在强非线性起重要作用的领域整合许多局部理论时科学所遇到的困难。

在处理这两类情况时，我们发现，在科学实践中，需要把通常视为哲学模型的推理模型与经验数据和最合适的科学理论结合起来。正是这种复杂的、依赖语境的思维方式构成基础层面的理论化论证。而且，我相信，正是在这种考察中我们发现了探寻理想化在基础理论科学中所起真正重要作用的最丰富的领域。

推荐读物

关于对科学的浪漫主义的攻击，见 Abrams（1971）。作为有限范围的推理规则的定律的思想始于 Ramsey（1960）、Ryle（1950）。对明晰科学所赖以产生的隐含背景的进一步讨论见 Polanyi（1958）。对于针对自然界的基本上虚假的物理学定律和仅仅直接适用于模型的定律的一般讨论，见 Cartwright（1983），Giere（1988）第三、四章。与理论描述相对的现象学物理学的论述，见 Cartwright（1983）。

对混沌理论及其隐含的推理和可控性观念的哲学讨论，见 Smith（1998）。关于对牛顿理论和马赫对它的批判的论述，见 Barbour（1989）、Sklar（1974）第三章、Earman（1989）。对热力学系统的所谓非孤立性论述，见 Blatt（1959）、Mayer（1961）、Sklar（1993）第二部分第三章第七节。Horwich（1987）对热力学不可逆性提供了一个可选择的反孤立主义的表述。

对正统量子力学中测量的退相干表达的论述，见 Omnès（1994）。关于量子力学的玻姆诠释中非孤立性的作用，见 Bohm 和 Hiley（1993）第六章。对量子场理论中的因果性原理和空间式分离中消失的交换子作用的论述，见 Visconti（1969）第二章。簇分解原理，见 Weinberg（1995）第四章。

对于力的分解及相关问题的论述，见 Cartwright（1983）论文（三）第54～73页。关于结构稳定性的介绍，见 Abraham 和 Shaw（1992）第十二章。关于对热力学还原为统计力学的问题的考察，见 Sklar（1993）第九章。Ruelle（1969）、Lebowitz（1983）、Lanford（1983）讨论了热力学和统计力学中极限方法的作用。对该问题的哲学探讨见 Sklar（1993）。

关于论述极限方法在理论间还原的作用的材料，见 Malament（1986）、Rohrlich（1989）对相对论时空和前相对论时空关系的论述。关于量子力学和前量子理论的关系的论述资料，见 Rohrlich（1990）。想了解在经典物理学和量子物理学关系中产生的某些真正困难，见 Ozorio de Almeida（1988）、Batterman（1997）第二部分。

关于模型，见 Giere（1988）、Cartwright（1983）、Redhead（1980）、Laymon（1985）、Hesse（1966）和 Koperski（1998）。

第四章　理论的短暂性

我们应当承认最适用的基础物理理论的简单真理性，对这样一个断言，我们已经探讨了两种一般的怀疑理由。第一组论证依托关于理论的指称性质的怀疑论。其观点是，在立即给出以下假定时，人们应当特别谨慎：正因为一个理论明显指称某些理论实体或性质，这样的实体或性质必须是正确描述世界所真正需要的。据此，人们认为，这里对原则上不可观察对象的指称是特别可疑的。第二组论证以这样的论断为根据：我们最适用的理论从不是对世界的真正真的描述。它们至多在一些理想化的感觉中是真的，或者，更确切地说，它们只是与自然界的真实事物具有某种类似关系的真的理想化模型。

我论证过，在这两种情况下都存在着一组哲学上值得探讨的非常丰富而有趣问题。但是，在这两种情况下，我也论证过，当处在不断发展的物理学的理论化语境中的理论以具体问题的面目出现时，当我们在细节上讨论刚刚概括的怀疑论的总体观点如何转化为特殊而具体的观点时，我们会发现最为有趣的问题。对于本体论排除和理想化问题，我们可以把它们作为一般科学的总体怀疑论论题来探讨，也可以把它们置于理论发展的作用中进行考察，但后一种探讨方向会呈现出更为不同的特征和更为丰富的内容。因为，一般科学的总体怀疑论论题是从它们在科学自身中所起的零碎作用中抽象出来的。

在这点上，我想简要考察一下来自对我们基础理论的简单真理性的第三种怀疑态度的类似问题。不足为奇，我将像以前那样论证，当第三种怀疑被看成在具体科学问题的特殊语境中行得通时会产生一些问题，与详细探讨这些问题相比，集中讨论来自这些怀疑论思考的抽象的总体问题将不太有趣，不太有启发性。

人们是如何变得如此糊涂，以至于相信我们现行最好的基础物理学理论是真的？难道整部科学史没有告诉我们任何所谓的基础理论的统治地位都是暂时的吗？人们构建理论是为了恰当处理当时可得到的实验数据。但是，一个理论必须处理的一堆数据是随着工具能力的改进而增长的。理论的构建要利用构建理论的技巧，特别是现行的数学技巧。但是，我们曾经构建深刻而丰富的科学理论结构的方法是随着当时可资利用的概念工具的日益增长的丰富性而增长的。

物理学史上有一段时期，科学家很可能相信，而且有理由相信，他们已经最终发现稳固的真的理论至少描述了自然界的一部分。至少就一部分动力学而言，也许 18 世纪上半叶就是这样一个时期。20 世纪的理论物理学来自对旧理论的极大扩展、修改和变革，科学家所持有的唯一合理的信念是，我们现行的最好的理论终归会与它的前任理论一样被扫进历史的垃圾堆。情况难道不是这样吗？

当然，除了对旧理论的短暂性做出总括的归纳，我们还有理由相信，我们不应该把我们现行最好的基础理论看成在急剧的科学变化过程中的一个真理的驿站。我们目前的基础理论不乏深刻的、普遍的特征，它差不多使得科学和方法论共同体中的每一个人不得不怀疑这些理论是关于自然界的终极理论。尽管科学普及类出版社定期推出的科普读物宣扬"终极理论"就在眼前，尽管更具真知灼见的杰出理论家也拥护这样的主张，我们仍然承认理论的短暂性这个事实。

怀疑当前理论的终极性的具体原因有哪些？把这个问题提到前面来讨论，有着重要的作用。稍后，我会谈谈这个问题。现在我们只要说存在实际的原因就够了。这些原因既包括历史的、元理论的原因（就是说，从过去科学的失败中归纳、概括出来的原因），也包括那种内在于我们现行最好理论及其证据的性质中的原因。这些原因促使我们承认，相信我们当前的理论永远是可接受的最好的理论是不合理的。而且，如果这是真的，那么就存在着实际的原因，它使得对我们现行最好理论的真理性的断言成为不合理的。

因而，我们不应当对我们当前最好的理论深信不疑。"我相信 p，但是 p 不是真的"这个陈述有些矛盾或至少在概念上有些不一致，当我们讨论我们称作信念的认知态度时，这一断言对于我们正在谈论的话题似乎是至关重要的。系统地看：一方面，根据一般的可错性论证，并根据它们自身内在的困难，否认我们最好的基础理论是真理；另一方面，主张我们应当相信这些理论。这看起来前后不一致。

但是，如果我们不相信且不应当相信基础理论，我们会持有什么样的认知态度或看法？我们应当持有这些态度吗？我这里想探讨三个基本的问题。第一，当我们对之采取某种看法的对象就是构成我们当前基础物理理论的部分科学时，我们发现我们自己所持有的或鼓励别人持有的认知态度的范围是什么？第二，存在着通过交替利用对假定的理论认知内容的不同解释来加强对理论的认知态度的方式吗？第三，如果与哲学上具有明确目标的一般原理相结合，我们现在能够在最好的基础理论中发现某些或许能够帮助我们针对基础理论的特殊成分构建恰当的认知态度的一般结构吗？这最后一个问题的答案部分地在于回答这样的问题：如果实际上还没有一个替代理论取代当前理论，而此时此地我们想找到一种方式来确定当前理论在当代科学或未来科学发展中的地位，那么，科学自身如何指导我们认识现行最好理论的短暂性？

第一节　认知态度的种类

如果我们不相信且不应当相信我们最好的基础理论，那么，我们应当对之采取什么样的认知态度？有一个著名的策略，它避开信念，转向一个更为精致而复杂的认知态度方案。该方案自身在概念上被证明是丰富的，而在抓住我们对自然界的认知立场的许多重要特征方面，该方案也被证明具有巨大的价值。这就是局部信念方案。就其最深刻、最丰富的形式特征而言，它是主观概率系统。如果我们不应当相信我们最好的基础物理理论，那么，对这样的理论，我们应当有一个作为局部信念可构造而作为主观概率可形式化的认知态度吗？

在分析认知态度的许多语境中，在它们依据新证据的变化中，虽然主观概率方案起着卓异的作用，但是，我并不认为它在当今的问题情境中会起到我们需要它起的那种作用。系统阐明局部信念的方式是很多的。这些方式或者包括给论断设定精确主观概率，或者使之成为较弱的系统。该方式存在于这样的方案中，即我们只是在可信度方面给命题逐次进行局部排序；或者，用主观概率的凸集，而不是特定值，刻画我们对命题的认知态度。

支撑所有这些方法的一个基本框架是这样的思想：呈现在我们面前的是一个命题集，我们视其中一个为真。在最好的情况下，命题彼此之间不相容，所以其中只有一个为真。就是说，形成一个穷尽的和唯一的命题集。但是，我们不知道哪一个命题是真正真的。主观概率系统及其变种表明，存在一个丰富的合理性理论，根据这个理论，我们能够对这样的命题集的成员形成我们的认知立场。它提供了一个合理信念和合理行动的准则，允许我们以受到各种似合理的理论约束的方式相信和行动，即便我们不知道其中哪一个命题是真的。

例如，我们有时需要遵守关于比较置信度观念的传递性原则。我们绝不能说，我们相信A甚于相信B，相信B甚于相信C，所以，我们相信C甚于相信A。利用许多附加的或然性假定，我们能够表明，对命题进行“概率度”的数值分配，可以描述这样的置信度排序系统，数值分配遵守概率论的形式规则。或者，更通常的情况是，分配主观概率的根据，其合法化来自认知态度的成效，特别是面对危机时的成效。人们再一次假定合理性原则，只是现在它们才是规范可能效用等级的原则。我们要求的局部信念可能是这样的：我们不能被诱进一组被迫损失的赌注中；或者，更糟的是，让我们损失，却不让我们赢。或者，更深刻地看，我们能够把传递性要求和其他细节限制强加于对提供给我们的彩票的选择中。从这些假定出发，我们能够得出关于描述局部信念的结论，在更深的层次，也能够得出关于描述愿望的结论。由此产生主观概率论，因为可以表明对信念的数值描述遵守数学概率的标准公理。在更深层证据中，我们也取得主观效用的描述结果。但是，这里再强调一下，基本的假设是，在我们考察的所有可能世界状态中，只有一个是实际的世界。

在科学哲学的许多方法论语境中，主观概率论已被证明是一个吸引人的、建设性的工作构架，至少有助于我们部分理解某些长期困扰我们的问题。我们应当通过条件化规则，或者通过其中一个诸如杰弗里条件化的变种，根据新证据更新人们当前的主观概率。如果我们做出上述基本假设，就能根据数据阐明假设的概率确证度理论。从这个角度看，我们可以从诸如各种证据在确证中所起积极作用的问题获得重要的洞见。我们也可以从曾经称为枚举归纳的方法获得深刻洞见。其他洞见也启示我们理解概括和系统化能力在理论选择的实践中所起到的作用。

这样的所谓贝叶斯推理技术是否告诉我们了解科学中的理论确证就是一切？这就要另当别论了。应用主观概率方法基本与在许多追求真理的备选理论之间分配置信度有关。我们认为，我们之前的选择对象中有一个是真的。

我们却不知道究竟哪一个是真的。但是，在我们所关心的情况中，我们十分确信，我们所考察的现行最好的理论中没有一个能够被合理地看成真的。确实，我们十分肯定，我们当前最好的理论是错的。于是，我们面对的问题是，假定在我们知道的假的理论中，我们相信甚或持有的某些“局部信念”（partial belief）看起来不一致，我们应当对这样的理论采取什么样的认知态度？

信念或部分信念是作为某种置信度理解的，与在这样的观点中发现的认知态度相比，我们需要某种更为复杂的认知态度。构建这样的更复杂的认知态度的最明显办法是，引入关于理论的二级信念。它将不再是相信或不相信，或在理论中有些把握的问题。相反，我们相信有些东西是关于理论的事实或论证，而“这些东西”既不真也不假。

在另外的语境中，即与本体论排除的第一个问题密切相关的语境中，“建构经验论”学说中的二级信念已经得到充分应用。为了回避不充分决定问题，即全部经验数据要与众多彼此明显不同的、论及不可观察对象领域的备选理论保持协调的问题，一些传统经验论把这样的备选理论看成是真正谈论同一对象的理论。它们减少了每个论及可观察对象的理论的断定内容。这或许构成解决问题的“削减内容”方法的一个极端样式。然而，建构经验论把理论间的明显的推断差异看成内容的真正差异。它提出一个减少我们怀疑的主张，即科学不决定，并且不应当决定我们应当相信什么。相反，科学的目标是告诉我们，我们应当“接受经验上恰当”（accept as empirically adequate）的理论。就是说，科学的目标告诉我们什么时候相信一个理论正确地预测了全部观察事实。在观察上彼此等价的理论的集合中，如果我们存有关于其中一个理论的二级信念，那么，对于该集合中的任何其他备选理论，我们只得存有同样的二级信念。于是，在备选理论之间进行选择的工作根本就是多余的。因为选择备选理论中的任何一个理论都是完全可接受的。

这里谈到的建构经验论只是提供一个大家熟知的例子，它通过把“一个特定类的信念”换成“关于一个特定类的信念”来解决问题。坦率地讲，经验恰当性观念无助于解决我们目前关注的问题。因为引导我们认为目前的理论在未来不可接受的原因（这些原因是特定的，也来自对理论过去的短暂性概括），就是我们认为这些理论在未来也不是经验恰当的原因。

处理短暂性问题的一个备选办法是断言我们对科学中的理论的认知态度应当只针对过去和现在。我们不应当担心未来会带来什么，只应当担心过去和现在已经带给我们什么。这里提供上述建议的一种具体做法：我们应当做的是，把现行最适用的理论与先前的所有备选理论进行比较，或与同时期已经提出的其他理论进行比较。然后，我们应当系统阐明，依据什么样的方式，我们认为我们现在可接受的理论优越于他的已被抛弃的前任理论或同期理论，并且，对于挑选出的理论，我们应当表明我们的认知态度，即确定一个信念，相信挑选出的理论在刚刚谈到的那些方面优越于其他适用的备选理论。

现在，要在现在的理论与它的可能的替代理论之间做一个必要的比较就成了问题。例如，会有这么一些人，他们告诉我们，在理论的概念构架中，理论彼此之间是如此不同，以至于对这样一个理论的论断甚至不能被认为在语义上可以与其他任何理论相比较。这样的“极端的不可通约性”主张大概已经导致各种怀疑主义。是否还存在某种合理过程来比较地评估备选基础理论？其他人已经接受了激进不可通约性论题并提出评估程序，该程序只依赖于这样的方法，即通过内在于其自身世界图景的方式评估每一个竞争者。

我怀疑任何这样的“内在主义”方法会帮助我们完成在理论间进行充分比较的任务。但是，我也很怀疑极端的不可通约性的荒唐主张。在意义整体论学说中，一个术语的意义是随着包含那个术语的主要断言的改变而变化的，在包括该意义术语的命题之间的逻辑关系如何包含意义？对此的想法的改变也会导致一个术语的意义发生变化。如果我们采纳这样的简易的意义整体论学说，那么，随之而来的就是，面对在一切方面都彼此对立的任何两个理论之间的逻辑关系的断言，我们将束手无策。而且，采纳这些教条还会进一步导致更为荒唐的结论：人们甚至否认在两个谈话者之间存在分歧的可能性。因为，按照这样的意义和蕴涵理论的说法，如果谈话者之间存在真正的分歧，那么，他们在否认对方的主张时，必须对术语的意义含糊其辞，并实际上彼此只说过去的事情。我认为，这表明所采纳的意义整体论和逻辑关系的观念确实是过于简易了，不能对意义和逻辑蕴涵观念提供任何有用的阐明。

当然，我们还没有任何这样的意义理论，它能够真正恰当处理理论变化中的意义不变性问题。不过，似乎很清楚，在理论的概念之间，甚至在最基本方面彼此不同的理论概念之间，存在着可解释的意义关系。我们需要更深入地探讨意义关系在概念变化中保持不变的方式，当极端的意义整体论者向我们指出这一点时，他们的不可知论的怀疑就不是绝望的理由。无论如何，虽然言说的内容发生变化，但是充分的逻辑关系仍然保持不变，在那些面对自然界所有事实而不能达成一致的人之间，交流仍然是可能的。

于是，我们所能做的一件事就是在一些领域审查我们最适用的理论，并在各个方面，如经验或概念的方面，将其与过去、现在的竞争者进行比较。我们可以问，它是否在经验恰当性方面，如在本体论假定的经济性和简单性方面，比其他理论更好。然后，我们可以对我们选出的理论表达我们的偏好，这个偏好不是对它的真理性的信念，而是对它的某些方面的相对于过去和现在的竞争者的优越性的信念。把一个理论与它的先行理论或同期理论进行这样的比较肯定是我们决定当前应当相信（像上述那种相信）那个理论的核心环节。这里，我们只需反思方法论、认识论、确证论和决策论中的全部工作，这些理论迫使我们把对假设的接受看成从一类指定的备选假设中选择一个或更多的优越假设。如果迄今为止，并非所有适用的竞争假设都能为科学想象所把握，那么，谈及的这类假设应当是什么？例如，知识可靠主义的许多理论都打算谈谈一种指明的、适用的备选假设，利用这类假设从根本上削弱形形色色的激进怀疑论。如果我们想在科学假设中选择一些优越的假设，那么很清楚，优越的假设只能与在过去和现在的理论构建中使用的备选假设有关。

当前的优选假设如何超越同期最适用的竞争理论？当我们指出超越的办法时，对于当前的优选假设的认知态度，我们是否尽言？我认为不是这样的。因为那些考虑本身不会告诉我们，在多大程度上，我们认为当前最适用的理论正在“逼近真理”。我们可以相信一个理论超过它当前所有的竞争对手，却仍然不能相信它充分地指示着“事物的实际状态”。确实，一些哲学家强调理论选择在相对于目前可比较的备选理论的语境中发生的方式，要我们避免涉及“走向真理”（aiming at the truth），避免把它看成科学的顶峰之一。

但是，我相信，把真理作为科学的理论化目标或至少是该目标之一的朴素思想是正确的思想，我也认为，我们可以就逼近真理的思想在科学方法中如何起作用的问题做出更多的有益探讨。特别是，对于理论，有两种认知态度：一种是相信它是真的；另一种是可错主义者信奉的，即现行最好的理论中没有一个已经受到尊重或在认识论上值得尊重。如何把这两种认知态度协调起来？我认为，我们可以就这一问题作更多的探讨。

要确定对我们当前的理论采取并应当采取的某种认知态度，我们需要诉诸科学实践者的朴素直觉，如果信念不合适的话。我们需要问：我们现在相信我们目前最好的理论在未来的地位是什么？当然，对于我们未来可接受的科学假说将是什么，我们现在还无话可说。因为，如果我们有话可说，它们就不会是未来的假说，而是当前的假说。不过，对于我们将来如何看待我们现行最好的理论的地位，我们现在可以有一个信念。我们目前还不相信这一点，即我们在未来会相信，我们现行最好的理论是真的。但我们现在可能十分相信，并有好的理由相信，我们现在有资格相信我们当下的理论“走在通向真理的大道上”，而在将来，它们还会被看成已经是“正确方向上的领头羊”。

我已经说过，我认为这通常是在哲学上不成熟的科学实践者的朴素观点。但是，该朴素观点所支持的信念本身并不是谬误的标志。关于科学革命的根本性质和随之而来的构架转换（framework shifts），已经有许多主张。具有重要历史地位的康德主义者、实用主义者、解构主义者或其他什么人都主张，我们的科学充其量只是相对于某些概念背景本身，这些概念背景并不是植根于自然界的性质，而是在某种意义上植根于专断或传统。尽管这些主张影响很大，我认为还是有好的理由接受科学家的这个信念：我们当前的大多数理论都将在科学中有一个永久性的地位，即便不是作为真理，也可以作为科学走向真理的一个合适的阶段。但是，要说清楚它的意思当然是十分困难的。

第一步自然是尝试，把我们对当前理论的认知态度刻画为这样一个信念：当前的理论即便不是真的，至少也是近似真的。但是，这行不通。首先，我们发现，要说清楚一个理论近似真是什么意思是很困难的。例如，在某些简单的情况下，一个理论就是预测一个参数的数值，这个参数是其他一组参数的数值的函数。这样，一般近似概念根据误差大小和误差的相对范围就可以得到。但是，我们甚至很难想象，如果一般近似概念可以使我们把一个理论看成与另一个在概念结构方面不同的理论具有某种“概念近似”，那么一般近似观念可能指什么？

这里，我自然地、本能地想到一种回答。为什么不限制对理论的观察预测的强度，而只采取把现行最好的理论看成是在观察预测方面应当被相信是近似真的这样的态度？当然，会有这么一些人，他们否认我们能够弄明白理论的可观察预测的综合理论观念，却让我们把这样一种激进的（我认为也是难以置信的）不可通约性学说弃置一旁。但是，即便我们这样做了，我们也不能有更多的信心承认，当我们希望知道对现行最好的理论应当采取什么态度时，转向近似真的观念，限制理论可观察预测的应用范围，会真给我们带来想要的可观察预测观念。“我们应当相信我们的理论，它仅仅被看成是关于观察预测的近似真的理论。”这样一个观念对于确定我们对理论的认知态度应当是什么，不是太强了，就是太弱了。

说它太强，是因为我们能够很容易相信我们当前最好的理论不可能与我们未来的理论近似一致。在某些严格解释下，甚至在被视为可观察推断方面也不是近似的。几乎可以肯定，实验能够造成一些物理条件，我们现行最好的理论可能给出完全错误的预测，而这些预测根据这些物理条件是可观察的。不过，我们可以合理地怀疑，是否存在广大范围的物理条件，使得我们当前较好的理论能够合理、可靠地预告其观察结果，甚至在久远的将来也是这样。如果不存在这样的条件，我们一开始就不会接受它们。问题是，我们现在一般不能够确定我们当前理论的永久可靠的观察范围是什么。这是因为，在这个条件下，我们现行最好的理论根本不能进行观察预测，展现这个条件的不是当前的理论，而是它的迄今未知的后继理论。例如，在相对论产生之前，那些深信牛顿科学的人根本想不到，当物质对象的速度接近光速时，牛顿动力学完全不能保证观察的可靠性。尽管如此，我们对我们最好的理论的一部分恰当的认知态度也许是来自未来科学的这样的信念：至少存在一些物理情景范围，使得当前理论的预测与一个久远未来的观察结果相一致。当然，那个范围的界限是我们无法预知的。我们有很好的理由支持这样一个被广泛认可的观点：即便理论科学不再作为可信的理论存在下去，那些曾经合适的科学信念仍然能很好地指导科学研究。

我们的认知态度就是相信我们的理论在观察的层面上近似真，对认知态度的这个刻画太弱了，因而不能以更为有趣和重要的方式抓住“力图接受当前理论”这个观念。科学家通常真正相信什么？可能被要求应当相信什么？那就是，当前最适用的理论甚至在假定的理论构件（theoretical apparatus）的最高层次上“引导着正确的方向”。

确实，理论构件无论如何也必须“指向真理”，如果对此没有一点信心，很难理解，人们如何能够对理论预测的高度精确性怀有信心。何况理论只能对有限范围的经验现象给出一个近似的预测。因为，人们通常已经注意到，如果最好的理论假设不能尽量与自然界相符合，那么要求该理论面对广大范围的经验现象保持预测结果的精确性简直是不可思议的。即使理论像我们知道的那样，不是我们最好科学的终极产品，即使理论终究要从已接受的假说中被驱逐出去，我们也应对理论的真理性怀有信心。

有些人根本不承认真理是科学目标，他们提出的一些例子也为人们所熟知。这些例子来自众所周知的旧理论，它们似乎能够很好地说明，在适度扩展的观察现象范围中，理论可以给出近似的预测。即便面对这样的例子，关于我们当前科学的理论假定的认知地位是并应当是什么的主张也是可以得到支持的。但是，据说这些理论后来都被科学作为“完全误导的”理论层面的假定抛弃了。这类理论的例子包括古天文学的水晶球理论、关于燃烧现象的燃素说和关于热的物态的热质说。

这样的例子似乎表明，把当前的理论信念看成“引领正确的方向”是很不合理的。对于这个主张，我们可以有很多的回应。首先，完全不清楚，根据这些理论的后继理论，人们是否应当把这样的被拒斥理论的标准案例看成“完全误导的”。仔细思考这些案例，可以发现，在后来的科学看来，这些理论本身在理论层面上的真理性比一开始增加了。哪怕根据它们的后继理论必须承认它们的部分理论概念是完全错误的，情况也是这样。其次，有一个著名的论证，叫“此一时，彼一时”。就是说，即便较早的科学所接受的许多“粗糙”的理论被事实证明为完全误导的，情况可能还是这样。现在，我们有好的理由认为，当今“成熟的”基础物理学的最好理论毕竟比像水晶球理论、燃素说和热质说那样在黑暗中摸索的理论具有更大、更好的发展。最后，也是最重要的一点，我们希望理解，科学家对他们当代理论的认知态度是并应当是什么？很可能，他们相信当代理论在理论的层面上有理由“引领正确的方向”，哪怕事实有时证明他们对最好理论的这个认知态度是错误的。

根据当今最好的理论所面对的内在的和经验的困难，根据从过去科学革命中所得出的一般归纳结论，我们可能十分希望否定这一点：我们相信我们当今最好的科学；或者，如果需要，我们很乐意断定它们的真理性。但是，我们可能很愿意相信它们在“逼近真理”或“指向真理”，而且，我们可能很愿意断定它们将来的地位，把它们看成关于世界的真的理论的发展过程中的一个恰当的历史阶段。当然，大多数具有实践经验但在哲学上幼稚的科学家不会怀疑这一点。而且，几乎可以断定，在许多迷恋科学革命的激进观念的哲学家看来，这听起来极为幼稚。科学革命的激进性观念给人留下深刻印象，它认为在科学革命的现行理论和后继理论的内容之间存在着极大的不和谐，甚至坚持前后理论的概念在真理度上的极端不可通约性。但是，这并不意味着科学家就是错的，而那些哲学家就是对的。

但是，这里的“引领正确的方向”是什么意思？我怀疑在对世界进行概念化处理过程中可以找到理论引导我们走向正确方向的可操作性的一般特征。确切地说，在这一层面，我怀疑人们能够对分析内容的丰富性发表更多的看法。可以想象，我们能够找到一些很一般、很抽象的形式观念，将其看作一个理论概念与其他理论概念特别是后继理论概念相联系的方式。而这样的形式观念对于解释后来理论被概括为较早理论发展的“后来阶段”可能是有用的。就是说，人们或许能够问，以某些很抽象、很一般的方式，使得后继理论做出改进的理论概念与先前理论的那些概念之间的关系是什么？斯尼德从论述理论结构的拉姆塞语句的角度讨论理论变化时提出的那类概念在这里也许是有用的。但是，人们将很难在如此抽象的形式中发现足够丰富的可构造的东西，而这将使我们清楚地看到，当科学家主张在基础理论中由于后继理论取代先行理论而有一个进步的概念变化时，他们所坚持的到底是什么。

基础物理学史似乎支持下述两大观点：第一，意义关系通常存在于一个理论和它的后继理论的结构之中；第二，事后看来，这些关系足以证明，可以把较早理论看成理论的革命性进步中的一个阶段，后来的理论是这个过程的后来阶段。这里，这些意义关系可能是什么？革命性的概念变化是如何发生的？我再次强调，要透彻理解这些问题必须研究具体的案例。正是从这些案例中我们可以获得许多最为丰富的洞见。我们后面将再次简要地触及这些问题。

或许，在最抽象的层面，我们可以做的事情顶多就是给出许多明白的、多半是否定性的断言。首先，给出这样的概念革命的主张当然就是对在科学的历史长河中彼此追随的理论概念之间的极端不可通约性的无条件拒斥。很难想象，如果没有解释两个理论之间的意义关系的任何方式，人们如何能够表达一个当前理论的概念“指向”它的后继理论的概念的方式。但是，极端不可通约性一开始就不是一个合理的论题。不错，我们还没有一个“意义”概念来帮助我们说清楚由它们在理论中的作用所界定的术语和总体上明确断定的内容的功用之间的关系。但是，极端的意义整体论意味着不可能有两个彼此冲突的说话者，信奉这个理论会使得全面理解“意义”的希望破灭。

有人认为，理论虽然最终会被与之不协调的后继者代替，但它一度引领我们走在正确道路上。坚持这个观点也否认了我们科学理论的时间序列的极端任意性。认为我们对世界的科学认识的发展一定遵循准确的路径，或认为科学实际进步的一切细节不可避免，都是不明智的。毫无疑问，一些科学中的发现，甚至一些清楚的理论概括，以及基础物理学层面的发现，其方式可能不同于这些发现实际遵循的历史模式。科学家有一个朴素的信念：发现的历史路径的偶然性与事物发生的概率差不多一样小，发现的历史路径与科学认识发展中实际安排的次序是不同的。这样的朴素信念有待充分讨论。我们如何找到自然的内部工作原理？这取决于自然实际上是什么样的，取决于我们诠释者的喜好。我们可以设想一个合乎情理的情形，假如科学认识发展的局限性来自自然和人两个方面，那么，科学发现的大致路径，理论认识、构建和进步的大致路径，都存在一个适度的必然性。

哲学上不成熟的科学家认为，理论及其后继理论，它们彼此之间不但不是不可通约的，而且甚至在最基本的理论层面还具有深刻的、重要的概念相似性。这些科学家的这个主张是很有道理的。当然，在这个观点中，有不可否认的一点，就是我们的基础理论发生了革命性变化。也不可否认，新颖的基础理论常常带来惊人的概念变革。新理论通常以完全出乎先前科学意料或先前科学可能无法预料的方式处理自然事件。但是，所有这些都完全与这一观点一致，即尽管先前理论与后继理论之间有着革命性差别，理论彼此之间在最抽象、最概念化层面上仍然不可避免地存在着深刻的概念联系。可以论证，除一些例外的情况，基础物理理论的历史进展都表明了理论发展的路径。其中，每一个后继理论的概念都是对它先前理论的概念的进一步精致化和深刻化处理。确实，几乎不可想象，除非经过这样的革命性过程，否则人们何以能够获得现在构成基础物理学的那类深刻理论。像许多理论所经历的革命性变化一样，新理论在理论家的头脑中绝非凭空出现、无中生有的，理论家若不通过对旧理论的某种修改或推衍，不可能达到新的理论高度。

如果我们对于基础理论的动力学史的一般考察是正确的，那么，有理由认为，虽然我们不能合理地相信我们最好的理论是真的，但是我们能肯定地相信它们正在“指向真理”，相信它们是“通向真理的阶段”。但是，在这个层面讨论问题，会使我们抓不住关键点。这个关键点是，如果我们仅仅总括地考察短暂性，考察我们对我们的基础理论所采取和应当采取的合适认知态度的短暂性的意义，那么，当人们提出一类不同的问题时，我们就不能得出丰富而透彻的结论。例如，有这样一个问题：在构建、批判和修改理论的不断发展的实践中，为了回应当前的一个认识，即某个最好的理论充其量只是暂时地占据一个优越的位置，科学实践者是如何在科学内部解决他们当下的语境依赖问题的？

第二节　削减内容

下面回到我的中心论题。探究我们最好的理论的短暂寿命这样的问题，形成十分丰富的研究领域。我们讨论这个问题，只限于它们在特定研究纲领中的具体形态，不考虑理论独立的或语境独立的方式。但是，在这里，我想稍稍背离我的原则，对处理短暂性问题的传统的语境独立的另一方式做一些评论。当然，得出的结论比较简单，但也许值得关注一下。

我们不太相信或不打算断定我们当代最好理论的真理性。因为，我们相信，在未来的认知当中，它们会被与之不协调的备选理论所取代，哪怕那些未来的替代理论目前还不在我们的认识范围之内。我说过，解决这个问题的一个办法就是相对于我们对信念的认知态度，弱化处理我们对当代最好理论的认知态度。我们不应当相信当前最好的理论，而应当接受这些理论的某类次级信念。我建议采纳一种比较合理的、较弱的认知态度，就是相信我们目前最好的理论是引领我们奔向真理的最好的候选者。就是说，我们应当相信我们最适用的理论，把它们看成科学理论向未来持续演进的最好的阶段。

不过，解决这个问题还有一个办法，它来自我们对理论的短暂性的信念。我先前大致注意过这一备选办法，它当时应用于另一个语境。在讨论理论应用于真实系统的模糊性时，我注意到一个策略，它可以恢复科学断言的真理性，以更为灵活的方式解释那些断言。例如，我们不能要求一个系统的某个参数具有具体的、精确的数值，对于真实系统而非它的模型而言，我们可以把科学的主张解释为仅仅断定实际参数值处在理论的精确参数值的某些具体范围之内。所以，要恢复科学断言的真理性，我们可以降低对断言的要求，即削减断言本来的语义内容。

那么，在当前由理论的短暂性引起的问题语境中，我们能不能也应用一下这个一般的策略？我们为什么不能削弱我们认为的这些理论的断定内容而对现在的较弱的断言采取一种完全信任的态度，从而取代从完全信任中弱化我们对我们最好理论的认知态度？

例如，假定一下，在未来的科学中，我们会得出这样的结论：我们将根本否认物质世界的存在，而代之以采纳某种或其他完全理想主义的世界图景。设想这个可能性似乎很愚蠢，但是，毕竟莱布尼茨和贝克莱的理想主义确实仍然保持着对这一理想的强大的哲学第一推动力。另外，与这一目标更为相关，二元论者甚或纯粹的理想主义者的形而上学立场，它们作为解决当前基础物理学深层问题的公认方法，不能说是不为人知的。这些理想主义方案不完全来自哲学思考，也来自实验的和物理理论的思考。例如，玻尔、魏格纳、阿尔伯特和娄沃在试图解决量子力学中的测量问题时，都部分地采取了理想主义策略。

如果我们未来的科学要求我们相信思想及其内容的存在，不相信事物的存在，那么，未来科学能说清楚我们对理论，如板块构造理论的认知态度应当是什么吗？我们认为，很难说清楚。那会怎样？难道板块构造理论不是为了解决地壳板块运动问题吗？难道地壳不是预设了一部分宇宙物质吗？再者，如果我们根本不再相信任何物质的存在，我们如何可能继续合理地支持或相信板块构造理论？

答案似乎很清楚。即使我们不再相信物质，但也许在“我们心中的思想”或“单子”或“具有充分根据的现象”中，我们能够坚持，并将一直坚持许多先前根据“事物存在”这个预设构建的“小”理论。通过以新的形而上学术语重建这些局部理论，我们能够做到这一点，也将会做到这一点。地壳是否是现存的物质世界的一部分？或换言之，地壳是否只是系统化的相关心灵思想集？这个问题也就是：板块构造理论是否正确地阐明了地壳特征保持不变情况下的地壳的动力学变化？

提出这个问题，可以有许多方式。人们可以把像板块构造这样的理论的选择看成是与具体备选理论集相关的选择。我们必须从备选理论集的许多假设中选出一个假设作为优先考虑的假设。所有这些假设似乎给出一个共同的总括预设。当我们从该集合中选出一个优越的假设时，这样的预设的真理性是毋庸置疑的。如果我们的基础预设发生变化，那么集合中的每一个成员都同样会发生变化。尽管预设会发生变化，集合中的每个成员相对于其竞争者的优越性将保持不变。

还有另一种提出问题的方式。我们可以论证，当我们宣扬板块构造理论，或当我们宣称相信它的时候，我们真正宣扬的，我们对信念相关内容的认知态度真正指向的，是比一开始所宣扬的内容“更单薄”（thinner）的内容。就是说，与我们的断言和信念相关的理论假设的内容仅仅是这样的内容，它在信息内容方面区别于上面假定的选择集合中的备选假设。与理论给出的物理学和形而上学预设相反的任一部分的意义，理论在选择集中与其他假设共享的意义，这两种意义在理论的选择情境中是不相关的。当我们对表述假设而给出的科学断言的优劣表示怀疑时，当我们对“相信它作为科学假设是真的”也表示怀疑时，我们可以把任何这样的多余的内容“悬置”起来。

我们面对短暂性问题应当坚持什么样的恰当的认知态度？当传统认识论讨论具有可靠方法的知识和问题的属性时，解决这一问题的方式会使人想起某些语境相对性观点。也许，当我们宣称我们知道一个建筑是牛棚时，据说我们就是宣称得到可靠的指示：那不是房屋或教堂。例如，在一般环境中，我们并不宣称我们有可靠的证据表明一份详尽的全息图的真伪，也不表明它或许就是不怀好意的神经病学家弄出的电子直接控制我们瓮式大脑的一种图像。

通过削减所断定的内容来处理短暂性的方法也使人想起我们是否应当承认桌子存在的古老争论。根据新的物理学知识，实际存在的桌子与我们关于桌子的日常经验是如何区分的？“教室里有张桌子”，如果我们让这样的断言所包括的内容随着使用这个断言的语境的变化而变化，那么我们就可以公正地处理我们的这样一个直觉：在一个意义上，我们对桌子的断言通常是对的；

在另外的意义上，我们对桌子的思考确实是错误的。考虑到我们的一些断言被减少的内容，或者，更一般地讲，考虑到内容的多少或厚薄依赖于给出断言的语境，我们就可以说出我们想说的一切，不用担心以怪异的方式增加实体，比方说存在“普通的”和“科学的”桌子。

先前已经说过，反思一下削减我们断言内容的可能性也可以清楚地表明，既然我们的科学所假定的基础定律和理论一定全部是被否认的真理，为什么一些哲学家仍然坚持认为，我们能够肯定在科学发展中发现的“表面的”和“现象学的”的断言的真理性。事实是，深刻的断言所固有的内容很单薄，实际上是程度不等的单薄。怀疑论者的疑虑导致这些哲学家仅仅根据这个事实否认深刻断言的真理性。而后一类断言却不存在这个问题。实际的情形难道不是这样吗？对于世界，你说得越少，就越容易正确。

有人认为，通过削减我们目前最喜爱的断言的内容，我们就可以在深刻的科学变化中坚守信念，或者根据我们对未来科学变革的期望在当前理论中证实信念。不过，我将第一个承认，上述观念在有趣的哲学探索的道路上实在不会给我们带来太大的收益。坚持这一点确实是很明智的，即板块构造理论深受地质科学发展的影响，而与深刻的物理形而上学的发展水平无关。但是，我们当前最好的理论在理论的革命性进步中至多占据一个短暂的位置，当我们探寻科学如何以具体的短暂性担忧所决定的语境和方式回应这一认识时，我们就可以更为透彻地了解短暂性认识的科学后果。我现在就来谈谈这个问题。

第三节 在科学内部处理短暂性

科学家并不十分担心这样的事实：基于过去科学中的理论失败的“大归纳”（grand induction），现行最适用的理论不可能作为对世界的最好的描述而永远存在下去。或者，更确切地说，科学实践家只是在这种情况下才会担心“大归纳”的可靠性，即他们热衷于一种业余活动，就是编写通俗读物，宣扬“终极理论”就要出现的可能性。

在讨论本体论排除问题时，我们发现，有一种特定的科学方案，它在某些重新解释的纲领中排除一定范围的或目前理论所假定的其他不可观察对象，这样的特定的科学方案从来不是一般的操作主义者、工具主义者或现象主义者单方面的考虑所推动的。目前理论通常存在一些特殊的确实难以对付的疑难，它提出这种可能性，即排除性地重新解释理论在当时科学中可能起到的建设性作用。同样，在这里，我们发现，关于目前最好的理论的短暂性和尝试性，理论家所真正担心的是那些科学的具体困难所引起的东西，这些困难来自当代实验的和理论的情境。我下面阐述这样的一些困难，他们促使科学家不再全力支持目前最好的理论，并相信当前理论不是科学探究的最终目标，只是科学探究方向上的一块碑石。许多这样的困难过去已经引起方法论家的关注。

（1）目前最好的理论可能面对似乎与观察预测不一致的实验事实。人们常常注意到，不论目前的理论看上去多么令人满意，这样的“经验反常”确实经常出现。当然，人们可能尝试以多种方式解释实验数据与理论预测的明显的矛盾。人们可以假定实验有误。或者，人们可以把反常预测归咎于从理论中引出矛盾性预测的一些隐含的假设，这些假设来自外在于该理论的背景科学。面对造成不正确经验预测的明显致命的错误，审查中的理论有可能通过各种方式的修改得以拯救。但是，迄今为止，我们只能采取这样的开脱措施。在有些情况下，人们可能被迫基于数据不再相信目前最好的备选理论，被迫承认一个理论只是通向某些更好理论的暂时步骤。

（2）人们相信，存在一个现象范围，目前最好的“完备的”理论应当可以完全解释它，但实际上做不到。一般说来，我们并不指望任何单个理论能够恰当处理所有有待解释的关于自然界的观察和实验事实。但是，也存在这种情况，人们有好的理由认为，最适用的理论，用来说明某些观察实验领域的事实的理论，应当也能够处理一些相关的观察事实，即使该理论好像不能处理这个扩展的经验现象范围。人们于是相信目前的理论还没有发展成最好的、“最完备的”终极形式。举个例子，广义相对论提供了对引力的几何学解释，爱因斯坦希望在此基础上建立统一场论，也给电磁学以几何学解释。

（3）目前最好的关于自然界的基础理论充满内在形式和概念的困难。这在科学史上屡见不鲜。就举两个例子。牛顿动力学的绝对参照系充满概念反常，特别是，它与“原则上不可观察的”特征相矛盾。经典电磁学对于点粒子在自身处产生的电场发散问题从未给出令人满意的解释，因而也不能恰当地阐明点电荷与它自身的场的相互作用。因此，它也不能充分解决辐射作用问题。

我们目前最好的基础理论就面对这样的内在形式和概念的困难。广义相对论认为，许多实在的物理境况都导致时空奇点的形成，根据理论自身的解释，它引起的物理情境等于剥夺了理论充分刻画其自身应用领域的能力。量子力学引起测量问题，该理论似乎需要按照自身的基础假设刻画测量过程，但是，据说在这个过程中，根据该理论其他基础假定，系统的行为方式在物理上是不可能的。量子场论在可观测量的形式预测方面受发散的影响。这些一定以看似特设的方式受到“控制”。特设性假设是作为拯救理论的技巧引入理论的，它在理论自身的概念框架中是难以理解的。在量子场论的公理形式中，设计特设性假设的部分目的是为了看看理论的形式化是否能够避免某些已知的内在概念反常；但是，这样就出现了其他内在形式困难，使得量子场论在应用于范式问题境况时令人困惑不解。例如，先前谈到的哈格定律在严格处理散射问题时就令人头痛。

实际上，科学理论中包含大量这样的内在形式和概念的困难。尝试对它们进行详细的分类研究将是一个重要的任务。但是，我们现在所能想到的就是下面几点：

①在理论内部存在着概念问题，它似乎是数学构造的产物。在理论家看来，这些似乎不是来自理论中的深刻的物理错误的基本问题，而是以某种方式表达理论所产生的不良后果。也许，哈格定律就面对这类困难。

②当人们需要在一些极限情形中应用其他良好的理论时可能产生困难。按照不同的方式，这类困难也许包括处理电磁场在原点的散射问题和广义相对论在它固有的奇点处的失效问题。

③先前已详细讨论过一类困难，在那里，理论因为含有过于丰富的结构而遭遇内在结构问题。牛顿绝对时空假定引起的问题就属于此类。

④当我们把理论的形式工具与利用它预测观察现象联系起来时遇到的困难可能引起内在概念问题。这类困难或许可以称为内在解释的困难。使得量子力学的测量过程符合理论的动力学特征而产生的问题就属于此类内在概念问题。

一个理论中出现这样的内在概念困难，通常被看作一个明显的标志，即对该理论采取一个简单的认知态度是不合理的。确实，谨慎的做法是再一次把理论看作仅仅是更好地说明现象的权宜之计。但更为重要的是，在理论中出现这样的内在概念反常，通常被视为对一个期望修改当前最好理论的系统的前瞻性纲领的有力推动。当然，该纲领可能包括仅仅寻找一个更好的理论，取代引起内在概念反常的现存理论。但是，我们将看到，它可能意味着某些更为困难的工作、某些实际上尝试构建合适的后继理论的初步工作。换言之，它可能意味着承担这样的任务，即为人们期望的未来的替代理论开辟道路。我们需要问：此时此地，对于当前最好的理论，人们能做些什么？

（4）最后，在两个或更多的最适用的基础理论之间存在着概念上的不协调，结果它们看上去不是总体协调的科学。尽管每一个理论的内在结构都具有某种统一性，情况可能还是这样。这类情况的一个重要的现成例子是，在现行最好的引力理论、广义相对论和量子力学对广义态理论及其动力学的概念化处理之间存在着不协调的关系。作为一个彻底的非量子化理论，广义相对论完全忽视了对世界的量子诠释所要求的对本体论和思想体系的根本修正。但是，量子理论对普遍性有着固有的看法，这个看法是它的内容的一部分。如果量子理论是对的，那么世界的所有特征一定满足其基本描述的、运动的、动态约束条件。各种详细论证也清楚地表明，使得一个世界图景在总体上量子化，但又要求引力和时空自身置身于量子方案之外，这是不可能的。因此，当代物理学寻求广义相对论的替代理论，使之符合量子力学的要求，已经成为一个主要的任务。

我想再次强调，我们可以实施一项重要的科学工程，它与事实上发现一种新理论的终极工程是不同的，该新理论能够解决它与某些现行科学的背景理论不相协调的困境。确实，在充分着手发现新颖理论的主要工作之前，这可能是一项需要实施的工程。这个任务就是系统地重建现行理论，以期发现一个适合引领所需转化的新的理论样式。

在探索这样一个工程可能相当于什么之前，在这一点上谈谈一个方法将是有用的，这个方法通常用来处理当一个理论被发现在我们刚才谈到的方式之一上有缺陷时出现的问题。据考察，如果出现经验的困难，或一个内在的系统出了问题，或在理论与外在背景理论的协调方面出现某些困难，科学共同体也许不需要通过竭力拒斥理论回应理论面对的某些反常。这个考察是完全正确的。

人们常常建议，理解这类情形的合适的方式是拒斥这一思想：科学理论，甚至物理学中的基础理论，都声称具有某类普遍性。假定我们把理论看成描述世界的一种建议方式，带有自身的“应用范围”或“合法性范围”，那么，我们就能够理解一个理论如何被保留而非拒斥，甚至当其经验的或概念的反常得到公开认可时也是如此。当理论面对的现象领域超出理论内在的合适应用范围时就陷入经验的或概念的困难，这时，我们就可以通过调整范畴来拯救理论。

理论所声称的应用范围通常是有限的，该观点经常与我们先前讨论的一个主张联系在一起，即当理论应用于理想情形时，它只能严格地为真，这个理想情形与事物在真实世界中的情况并不匹配。就是说，理论从不奢求普遍性，而只是企求在有限领域的应用，这一思想通常与另一思想结合在一起，即理论根本不是应用于世界，而只是应用于在一定程度上和某些方面与世界类似的“模型”。

一旦旧理论被经验上或概念上更恰当的或具有更大普遍性的后继理论所取代，把旧理论看成只以有限范围的近似的方式存活在科学中肯定是合理的。毋庸置疑，关于牛顿力学在相对论和量子力学所支配的世界中目前所处地位的观点恰好更能说明科学家实际上如何恰当保留牛顿理论所声称的“真理”。然而，在总体上以这样的方式思考我们的理论会丢失许多重要的东西。

首先，如此描述理论和科学家对理论的态度对于追求真正普遍的和严格正确的理论这样天真但真正远大的科学目标来说是不正当的。其次，如果缺乏重大而详尽的阐释，对理论的这种解释就不能回答几乎所有的最为有趣的问题。我们想知道，作为科学进步的应用范围的增减究竟是如何连续地改变某些理论诠释的独占地位的。我们还想知道，理论为着预测和解释的目的真正应用于真实世界时，其详情究竟如何。为了解决这些问题，科学家限制理论的应用范围，只间接通过模型应用理论，但仅仅靠这些办法是无济于事的。

更为重要的是，当我们探索科学家究竟如何设法尝试完成其理论的普遍性和严密性的宏大理想的细节时，关于科学家应当如何看待他们的理论的地位的这样一个描述不能涵盖我们面对的丰富的研究领域。理论科学究竟如何着手解决上述列明的现行理论的困难？尝试回答这个问题，我们就可以获得有趣的洞见。

第四节　重建现存理论，指导未来研究

面对经验的和概念的反常或普遍性的失败，究竟对理论采取什么样的认知态度才是可能的或合理的？传统认知图式倾向于相信当前理论总是指向未来正确的理论，我们如何找到一个替代图式？此时此地，我们能够采取什么样的一系列方法论步骤处理出现的反常和渴望的普遍性缺失？特别是，基于一般的方法论考虑，以及问题情境的语境上可表达的科学特征，如何选择恰当的认知态度和方法论步骤去处理最新暴露的问题域？

科学中有一组有意义的理论工作，还没有为方法论者所充分探讨过。这一工作的产生通常来自科学共同体的这一认识，即某些领域中的最流行的理论也有我们上面谈到的这样或那样的缺点。当然，理想的情况是，解决任何一个这样的困难只需要提出新的改进的理论，以期最终替代我们当前对世界的可疑解释。但是，即便那个将来的理论还遥遥无期，即便科学共同体还不能确定这个将来的理论在许多重要方面的面目，共同体也不会因而变得软弱无力、懒散无用。共同体需要承担许多重要的科学计划，以代替那些实际寻求替代理论的渺茫计划。人们希望，这些任务能够为发现所期望的对世界的更好的解释开辟道路。这些任务是什么？如何可能完成这些任务？

当理论面对经验的和概念的困难时，人们有一个应对的办法，就是不断重铸理论，尽量重新阐释理论。通过以大量方式重新安排理论结构，根据各种可能的备选的基础原理不断重组理论，人们有望透彻理解理论的内在结构。这种理解是难能可贵的，它为人们面对理论的诸如经验反常、概念不一致或恰当普遍性缺失这样的困难时修改、改变或概括理论指明正确方向。

物理学中的基础理论可以表现为许多截然不同的外观形式，它们求助于基础理论的许多不同原理，并清楚地表现出完全不同的结构特征。这一认识可能主要来自17~19世纪牛顿力学的漫长发展史。牛顿力学作为物理学基础理论获得如此长久的成功，这对于物理学来说可能是一件幸事。这就提供了一个很长的时间间隔，使得人们能够发现究竟有多少看上去不同的形式化理论可以描述基础理论。牛顿理论可以根据产生加速度或产生动量变化的力来

描述。与光学的最小时间原理相应，有一个最小作用量原理，这一认识使得牛顿理论可以重建为产生变分问题的理论，把系统的实际演化看成是由作用量求极值给出的。作用量表示一个动力物理系统内在的演化趋势。只要设定系统初始态和终极态，然后求解作用量的极值，就可以得到系统在两个点之间每个点的状态。首先，在描述复杂系统或演化受到约束的系统的行为时，这个方法以及从静力学推出虚功原理的其他方法导致拉格朗日方程，使人们认识到引入诸如角变量的广义坐标和与它们共轭的诸如角动量的广义动量观念是有用的。其次，哈密顿以一对一阶方程的形式给理论以新的形式化处理。这一阶方程描述受哈密顿能量函数支配的广义位置和动量变量的进化。再次，根据一套共轭变量描述的系统也可以根据其他这样的变量得到描述，可以根据从一个这样的描述到另一个描述的动力学转换的规则得到描述，仔细探索这个描述的方式导致该理论根据泊松括号和哈密顿-雅可比方程得以重构。最后，该理论以十分抽象和相应的普遍性的各种形式主义方式在本世纪得以重构。

人们认为牛顿理论总会在某些方面有缺陷，所以对它的形形色色的大量的重构和重建没有创造性的进展，对未来的新的替代理论具有的可能结构的猜想也没有取得实质进步。相反，正是出于对牛顿理论的永久地位的极度自信，人们才付出这么多的努力，并以如此多的方式构造它。不断重构牛顿理论的目标，部分的意图在于尽量彻底地理解理论，部分的意图在于继续重新组织理论，使之尽可能简易地应用于特殊情形，如约束运动和非约束运动、刚体和连续统运动及点粒子运动。

不过，这么一大堆改进的牛顿理论被证明是没有意义的，因为理论最终确实遇到经验的和概念的反常并需要量子力学这样的替代理论。波动力学明确来自哈密顿-雅可比理论，后者用相位空间中的虚波面刻画了经典力学中粒子的轨迹。矩阵力学的构建和备选的量子力学的原初阐释基本利用了按照哈密顿理论阐发的较早理论。后来，狄拉克的理论转换方法和冯·诺伊曼按照希尔伯特空间构建的理论吸收了量子力学的这两种最初形态，而对重构新的量子力学的深刻指导则来自以泊松括号形式表达的牛顿理论。利用对旧理论的各种修订指导构建新的理论一直贯穿量子场理论的发展。量子场理论的原初形式直接借重在牛顿力学框架下解决的场的动力学问题的拉格朗日方程。

后来，量子场论的路径积分描述法则是通过旧理论的最小作用量原理的成功类推和变分法的扩展建构起来的。

不过，还有其他情况，不断重建或修订现存理论的纲领的背后有一个动机，就是直接为尚不知道的未来做好准备。现在，人们希望通过重新发掘理论来处理当下理论的反常，以期深入理解在未来如何取而代之。对于这种纲领性尝试，时空理论提供了几种说明。

例如，从早期广义相对论的独立形态到引入电磁理论的概括形态，再到纳入在动力学几何构架中除引力外的其他已知的基本相互作用场，人们感到有必要建构新的替代理论。这就是爱因斯坦和其他一些人追求的著名的统一场论纲领。对引力的几何理论的概括采取了许多不同的形式，其中有一种是增加现存理论的要素，比如在一种所谓的卡鲁扎-克莱因理论的时空中增加“紧致化”（compactified）维度。不过，我们的一般论题也能通过其他理论发展路径得到很好的说明。

广义相对论的构建利用了时空的微分几何。但是，甚至在微分几何应用于物理理论之前，数学家们就已经开始对它吹毛求疵了。微分几何力图描述的空间和时空有着极为丰富的数学结构。在抽象性和普遍性最好的数学传统中，人们已经提出这样的问题：微分几何描述的空间的每个结构特征如何与其他特征区别开来？同时，这样的空间同时兼具很多特征，它是集合论中可描述的点集；它是拓扑学中可描述的一个闭联集；它是一个微分流形，即它的点可以由一个利用多套坐标系的命名系统确定，每个坐标系都能令人满意地覆盖足够小的空间区域，在它们重叠的地方，彼此能很好地相关联；它是一个共形结构，即在该结构中可以有意义地谈论曲线在一点相交形成的角；它是一个影射结构，即具有特别好的称为短程线的“最小弯曲”曲线；它是一个仿射结构，即在该结构中可以有意义地谈论矢量沿空间中的任意曲线进行的“平行移动”；最后，它是一个米制结构，即在其中可以有意义地讨论曲线上的两个点之间沿曲线的距离。数学已经系统地厘清了那些彼此不同的结构，根据在空间中定义明确的已知类的结构所必需的本质要素，刻画它们的特征并问及这样的关键问题：哪一个结构是为定义其他结构预设的？

在许多抽象层次上探求这种丰富的数学结构，计算各种系统组元，逐步建立十分复杂的微分几何，有助于我们寻求各种方法，通过放松施加于现存理论中某个组元的限定，概括广义相对论。

例如，外尔（Weyl）注意到，在广义相对论中一个指向某个方向的点的矢量可以围绕一个闭环平行移动，再次返回起点。时空的固有曲率在和乐中自行展现，即总体上，一旦沿闭环的移动发生，如此移动的矢量将指向一个与原初方向不同的方向。但是，在正统的广义相对论中，矢量的长度在这种移动下保持不变。那么，我们不可以想象一个普遍的理论，它能够允许它的矢量在沿闭环移动时改变长度吗？方向的改变显示曲率，因而，在该理论中，贯穿周边区域的电磁场能否由引力场的长度的改变来测量？

另一方面，爱因斯坦注意到，外尔理论中刻画平行移动的数学联系、数学技巧，在正统理论中有一个固有的对称特征。不过，嘉当（Cartan）已经概括过这种用于适合非对称联系的广义相对论的微分几何。按照数学术语，广义相对论的时空是“非挠的”，但非零挠率的时空是容易刻画的。也许，通过引入非对称联系增加的几何的自由度正可以提供刻画电磁场所必需的额外的数学丰富性。

现在的情况是，既不是外尔的规范场论，也不是爱因斯坦的诉诸挠率的理论，成为物理学实际进步的指针，尽管对外尔理论的根本修正在诸如量子场论的所谓规范场论的框架这样完全不同的语境中被证明是绝对基础性的，但无论如何，其方法论的洞见仍然是站得住脚的。

一言以蔽之，人们大概已经认识到，必须把目前的理论看成暂时的，因为它缺乏恰当的普适性。它没有遭遇与它的预测相冲突的经验数据，也没有显示那种内在的概念上的不一致，却不能刻画被认为应当成为综合理论部分领域的部分性质。当前理论是该综合理论的有意义的一部分。一个合理的方法论途径是搞清楚哪些元素有助于构成完整的、丰富的理论。然后，人们就可以着手系统探索那些元素是如何共同作用并形成当前理论的完整的数学结构的。接下来，人们就可以探索更一般的结构，它可以通过放松当前理论对构成理论框架的一个或另一个组元的限定而取得。

当然，这一操作方式无论如何不能保证人们成功地发现最好的新颖理论，使之涵盖当前理论不能触及的领域。这里的看法是，关于当前理论的流行信念，虽然不值得充分相信，却能指明科学未来的走向，它不会把我们引向无为主义，简单地等待目前理论所指向的理论改进。我们目前可以应用可操作的系统方法探索那个可能的未来理论。使我们提出这些方法的正是我们对当前理论的这样的认知态度或信念，即这一理论，如果不是真的，也至少是指向真理的。其实，我认为，正是倾向于应用这些方法构成了我们所说的“相信目前理论指向真理”的含义的基础。

时空理论也可以用来作为一个案例，它以多少有些不同的方式处理当前被公认的缺陷的理论，以期获得未来更好的理论。目前期望尝试把完全以经典的非量子术语构建的引力广义相对论与应用中普遍存在基本的运动学和动力学特征的量子论调和起来。这里涉及的还不仅仅是量子力学的普遍性问题。当期望连同其他量子化理论保留引力的非量子理论时，我们显然遭遇物理学的困难。这里，我们可以提供一个清楚的例子，就是前面提及的反常之一。并不是广义相对论的一个经验上的失败使得我们把它在科学中的地位充其量看成是暂时的，也不是这个理论的内在的不连贯使得我们认识到它不能长期作为我们接受的理论而存在，而是该理论与一个被接受的背景理论不一致，导致我们拒绝把该理论作为最后的真理或毋庸置疑的主张接受。

试图调和广义相对论和量子力学的努力已经证明是极为困难的。我们这里根本谈不上考察大量的用来贯彻这一任务的纲领，甚至不能触及它们遭遇的各种困难。为了实现我们的目标，我只希望关注那些方式，根据这些方式，人们对继续探索和重构当前非量子的引力理论的结构寄托着一种希望，即这样的纲领将有助于人们探索渴望的引力量子理论。

我们以前就注意到一个重建广义相对论的纲领。在这个纲领中，理论是根据与那些隐含在原初非正式理论中的完全不同的基本假设提出的。不过，重建该理论的目标显然不是面对反常情况时提出理论应对策略，而是从理论内部揭示其可能的“观察基础”的特征。它只求助于实体作为其基本的测量手段，那些实体的物理行为是利用内在于理论的概念工具刻画的。为着“完成”理论的目的，即为了用内在于理论自身的术语表达理论对测量的解释，根据光线和自由粒子的可观察行为建立的形式化理论被认为优越于这样的形式化理论，其观察结果是根据测杆（或测尺）和原子钟来刻画的。

但是，在期望用理论的量子化重建广义相对论的过程中，探求内在于理论的恰当的可观察对象已经是不争的事实。确实，在一些重建理论中，可以看出，如何找到合适的观察程序，赋予作为重建基础的实体和特性以经验意义，是十分令人困惑的。广义相对论的这些新的重建目标是发现一种理论，它在承担理论“量子化”的任务中被证明较标准理论具有更少的或然性。

量子化是一个过程，在该过程中，系统阐释的经典理论被转换成这样一个理论，它的基本状态变量和基本运动学、动力学遵守量子力学的规则。典型的情况是，量子论的发现始于经典理论，并经过许多转换步骤。例如，原初的关于粒子的量子论的构建始于具有广义位置和动量并用算符值大小取代经典数值量的经典动力学。有时为经典理论找到一个量子替代物还不算难，尽管甚至在最简单的情况下还出现一些细节问题，例如，交换量被不能交换的元素取代。但在一些情况下，例如在引力被解释为时空本身就是场的场理论的情况下，为经典理论找到量子替代物面临很大困难。其中，一些困难出自“技术”问题，例如，通常通过重整化处理量子场论中发散的方法就不能处理引力问题。

但是，我们还面临其他更为深刻的问题。在量子论中，时间通常起着十分基本的参数作用。但含有动力学时空及其广义协方差的广义相对论允许通过在时空坐标中重新命名事件合法地描述事件。正是要建立一个量子化时空本身要求对我们未来的理论形态重新做深刻的概念思考。更糟的是，正是阐明通常被视为量子场论基础的原则的可能性在受量子波动现象支配的时空本身中变得极为可疑。

上面我们注意到，现有的许多变分以经典力学得以阐明的方式提供了阐明量子论的不同路径。因为目标不同，通向新理论的不同路径证明是比其他路径更为丰富的模式。例如，量子模拟力学的最小作用量产生的路径积分方法是一个重要的发现，它不仅是描述量子场论基本原理的精致而明晰的方式，而且是把理论计算所需要的微扰展开项系统化的捷径。另一方面，正是阐明经典力学的泊松括号提供了理解量子论的代数基础上交换关系的基本作用的捷径。

目前有许多纲领致力于以各种方式重新阐释广义相对论。在这些不同的重建理论中，不同的对象和特性被看成基本的，而不同的类律限定（lawlike constraints）则被看成理论的公理基础。所有这些重建的工作至少部分地受到这一期望的推动，即这一或那一理论的形式化将会为理论的量子化提供一些清晰的路径。关于这一办法，可以举个例子。艾虚卡建议根据和乐即围绕闭环联络的积分阐明理论。同时，人们应当承认，引力理论量子化的其他办法还可以遵循人们提出的其他路径。例如，尝试找到一个合适的量子化引力理论，只把它看成相互作用场的广义量子论的一部分。这一途径的例子是一切形式的弦理论。

即便我有资格理智地概括这些案例中的结构特征，在这里哪怕是粗糙地探究其内容显然都是不可能的。但是，这一研究具有绝对的方法论意义。当我们现行最好的理论因为它与我们接受的普遍存在的物理背景发生深刻的概念冲突而变得不可相信时，我们面对这个困难所能做的就是首先踏踏实实地发现一个更令人满意的理论，以取代我们目前最好的理论。采取不同于通常表述的方式，找到重建目前不可接受理论的探究方式，是一个系统的纲领。这一重建的目标是找出当前理论的变体，该变体在总括的科学纲领中，即在寻找合适的后继理论的纲领中是建设性的。然而，这一探索清楚地表明，虽然我们相信当前理论在科学的革命性进步中充其量只是一个短暂的过渡，但我们强烈地相信，它确实指明了未来理论发展的方向。如果我们认为我们目前的理论没有价值，追求其各种形式的变体的纲领，对于我们努力地预测未来将是毫无意义的。

当然，上述纲领很可能不能达到其目的。可能的情况是，甚至在我们现在还不能考虑到的方向上，提出理论所需要的线索将由一些可想象的跃进来提供。该理论不仅能够正确处理根据目前经典的引力理论说明的事实，而且能够正确处理根据量子论说明的事实，但它与我们当前的一两个理论并没有家族相似。虽然这样一个理论必须正确处理目前引力的广义相对论的经验恰当性，它可能在理论层面上严重偏离当前理论，以至于对于我们通过反思广义相对论在理论上可能得以解释的各种方式去发现该理论没有任何好处。

例如，通过超对称的弦理论得到量子化引力理论的途径只是稍稍来自对广义相对论的反思，它的主要的灵感来自对基本粒子的早期理论结构的反思。甚至在这一情况下，我们最经典的引力理论的一些理论特征对于构建较新的可能理论，例如对于确定广义相对论的引力是一个张量场这一事实，是起作用的。

当然，也有这样的可能，即以我们一直谈论的方式无法推测出理论假设。事实上，假如考虑到在发现正确假设之前必须广泛地推测出许多假设，这是很有希望的。外尔和爱因斯坦所追求的引力场理论都没有达到预期目标，但其方法论意义不容忽视。因为科学一直发挥着作用，人们并没有只因为过去最好的理论的失败的一些总体归纳印象而把理论看成仅仅是权宜之计。相反，关于它们的真理性的怀疑论基础是这些理论所面对的具体的经验上或理论上的困难，而科学共同体可以有条不紊地回应目前理论的困难。它可能包括一个初级纲领，其终极目标是避开目前理论的可疑方面，找到一个替代理论。这样一个纲领可以包括对当前理论的内在结构的系统探索，探索的途径可能是各种形式的多元重构。该重建任务可能致力于厘清通过相互作用而形成复杂的理论工具的各种成分，以期找到一些总体的结构成分。为了构建一个更恰当的一般理论，可以削弱对这些结构成分的约束。或者，进一步，重建可以致力于发现各种不同的提出理论的方式。比如，可以从选择的基础假定中推导出理论，以期找到某些理想的理论变体，使之恰当地、必然地转换为一个与背景科学更协调的理论。

对当前理论困难的这两种纲领性回应一方面可能具有经验的、内在的缺陷，另一方面与背景理论相协调，它对于我们探索取代它的未来科学是最好的指导。就是说，这样的重建纲领内在地假定，虽然我们不应当相信我们目前的理论，但还是应当相信它是指向未来的。实际上，正是在揭示这样的重建纲领的性质的过程中，我们开始理解，宣称一个理论指明一个更彻底的理解世界的方式，究竟意味着什么。

第五节 关于我们理论的理论

广义相对论遭遇外在的概念不一致性。它不能根据量子力学的背景理论满足所有物理学的要求。这里让我们探讨一下内在不一致的一个延伸案例。我们已经注意到许多内在不一致的情况以及对它们的一些回应。例如，人们有时能够根据理论层面的某类理论构造物的本体论排除纲领处理内在于理论的概念上的困难。或者还有一种选择，人们需要借助这种数学工具提出另外的新理论，以避免当前理论面临的内在困难。海维塞德在使用他的巧妙的算符方法时遇到的困难在严密的傅里叶转换理论中找到解决的办法。人们还发现，狄拉克早期使用的“函数”量子论认为除一点外皆为零，却承认存在非零的积分，这个困惑可以通过使用算符的光谱分解或分布理论来避免。

但是，这里我想集中讨论一个完全不同的持续存在的纲领，设计这个纲领是为了处理基本理论中长期存在的内在不一致问题。这个纲领解决问题的办法是尝试理解：此时此地，目前最好的理论在未知的未来科学中的地位会是什么样的？未来科学也会遭遇当前理论的那些困难吗？再者，还有一种情况，可以论证，科学可以通过探索当前理论的深层结构而进步，尽管该理论的当前状态被一致认为是不能令人满意的。这种情况再一次表明，人们相信当前理论指向未来更好的理论。再者，根据这个情况提出的纲领试图通过考察当前理论如何可能适合于未来理论而取得进步，即便我们还不知道那个未来的理论是什么样的。但是，这个情况要求我们根据与先前概括的方法迥异的方法贯彻这一目前熟悉的纲领。这里，我们所理解的当前理论指向未来的途径既不是廓清组成理论的成分，也不是对理论进行公理化处理而得到的新颖变体。确切地说，这里提出的是关于当前理论及其在未来科学中的地位的理论。

一般认为，量子场论有两个起源。首先是把量子化原理应用于经典电磁场理论的需要，该原理原先已经应用于粒子的动力状态。其次是寻找粒子相互作用理论的需要，它不仅考虑到粒子的动力状态的变化，还考虑到通过实验发现粒子产生和湮灭的可能。解决这两个问题的理论就是相对论性的量子场理论。

该理论讨论的一些标准问题涉及粒子之间的散射。粒子的动力学相互作用必须考虑粒子在相互作用过程中创生和湮灭的可能性。不过，典型的散射问题的精确解决办法通常是没有的。该理论一开始就构建了许多近似法，作为其结构的积分部分，用以解决相互作用问题。微扰论期望的解决问题的办法是，在从动力学粒子的初始态到终极态的连续的更为复杂的可能的中间过程中生成一系列的项。这个中间过程必须考虑可能的中间粒子创生和湮灭的全部领域，它能够把初始态和终极态联合起来，即便这样的中间状态根本不能作为该过程的真正永久状态而取得。找到生成这样的级数近似的系统方式来表述微扰论是该理论的主要成就。

然而，该理论一开始就遭遇内在概念的困难。特别是，这样的微扰级数中的项常常显示出发散的特征，而在无穷级数中，即使所有的单个的项都是有限的，级数还是可以被发散破坏。有一些量，像粒子的质量、电荷、或导致发散结果的各种动力学转变的截面（即概率），它们的计算结果自然是不能预测的。

这样的发散的出现并非完全出乎意料，因为经典的粒子理论及其场也会导致这样的非物质发散。前面已经指出，经典电磁理论把电子处理为一个点实体，导致它与自身电场相互作用的问题，电场的大小在点粒子位置分解为无穷值。尝试通过把粒子处理为扩展粒子解决这个问题引起许多困难，比如解释它们的稳定性的困难。新理论的发散在量子论的发散出现之前就有一个原型，虽然在新的、更为复杂的解释中，它们对理论提出了一个远为复杂和精致的问题。

不久就会发现很多处理发散问题的方法，它们存在于对理论的各种“微调”（massaging）方式中，以便通过系统地隔离发散，使之无害，从发散理论中引出有限预测。实验检验证明，取得的有限值，比如原子中的电子的能级因为真空极化效应的微小转变，惊人的精确。

对这样的控制发散的方法的综合研究称为重整化理论。重整化方案最终采取各种各样的形式，其中一些形式很难直觉地理解，虽然，大多数直觉纲领基本没有比较清楚的直觉基础。或许，最直觉的、最普通的思想是指明，当微扰级数项描述的所有局部过程[①]被加到任意高的能级时，通常出现发散的结果。如果人们用一些有限能截止微扰级数，或者，同样把粒子之间的可能的相互作用看成是受有限时空分割约束的，而不是看成可以在任意近的距离发生的，那么，就可能消除无限。但是，像广义相对论所要求的不变性这类人们所渴望的理论特征也是这样。而且，为了允许的相互作用能强加这样一个截止，似乎完全是任意的，除非进一步的物理解释可以证明它。

后来发现了巧妙的办法。人们引入这样一个有限能量截止。然后，人们可以以很多方式整理微扰展开项。在重新安排这些项之后，人们可以使能量截止回到无穷。这个结果将再一次在理论中发散。但所有这些发散将被包括在理论的有限数目的可观察参量的计算中。例如，在量子电动力学中，理论计算出的电子的质量和电荷是无穷值。

---

① 局部过程是级数中的单个项所代表的过程。——译者注

人们接着可以论证，在实验室中测量的电子的质量和电荷通常已经有发散量包含在其中。“裸”质量和电荷是理论中的参数，它的值在重整化微扰级数的发散计算中得到“修正”，实验从来检测不到它们。于是，人们简单地把观察值代入重新排列的级数中，而观察值本质上取代了截止被允许返回无穷时出现的所有发散项。如果在级数中没有任何剩余的发散项，新理论就可以用于计算有限修正项，有限修正项的精确性可以在实验中得到检测。

如此简单地处理问题不利于我们应对重整化理论的复杂性。不使用能量约束的重整化方案是存在的。例如，维数正规化在不真实的时空维度中完成计算，再次对项进行重新排列，最后把维数参量带回自然值。通过反思挑选截止的一个特殊值揭示其任意性质的方式，我们可以获得深刻的洞见。如果人们改变截止的值，不同的计算量的值也会随之改变。但是，这样的参量的改变也许不能在理论可观察量的预测值的任何变化中出现。这一现象的综合理论导致我们所谓的重整化群理论。该理论反过来证明量子场论之外的极大值。特别是，它使得人们能够深刻理解，为什么在物质相变的统计力学理论中刻画相位的不同特征与经历相变的具体物质无关，而只依赖于其分量微成分允许的系统维度和自由度的数目这样的总体特征。

重整化方法在量子场论的历史发展中起着极为怪异的作用。一方面，理论的许多在概念上应受指责的方面似乎来自重整化方法的应用。它有些特设性味道，而在刻画理论的其他工具性规范如物理推动力和数学严密性方面似乎不足。对部分标准量子场论的研究给出正确的物理预测并且避开一开始就引入微扰论的散射，它至少部分地推动了规范场论的或公理化场论的大多数工作，包括产生先前讨论的狭义的代数方法的工作。

另一方面，当提出的场论可以被看作描述物理世界某些特征的合法备选理论时，重整化也成为一个判据。不是每一种相互作用都可以重整化。重整化要求在理论的一些有限的观察参量中能够把握理论中产生的所有发散。这里，在利用理论进行预测时，通过用已经被证明为无穷大的“修正的裸值”代替那些参量的观察值，可以使发散无效。但是，大多数数学上可能的相互作用并不导致选择把所有发散置入这样的替代的有限数目之中。而且，理论的重整化要求严格约束理论所允许的可能的假定相互作用。

此外，通过给潜在对称的动力学施加一个打破理论所允许的最低能量态相互作用的潜在对称性的新的相互作用，可以建立一个统一的理论，即把电磁相互作用与调和核子 β 衰变的弱相互作用统一起来的理论。这就是著名的“自发对称性破缺”思想。这是一个主要的成就，它表明，该理论提出的特殊类型相互作用、标准相互作用甚至在面对对称破缺时仍然可以重整化。只是当这一点显明时，弱电相互作用的理论才值得尊重。

不过，被迫使用的重整化方法所遇到的困难仍然是持久的。试图忽视引起发散的数学结构，因而构建一个不像重整化这样似乎特设的理论，是公理化场理论纲领的重要推动力之一。或许，我们可以构建关于场和可观察物的严格的假设，从中引出期望的场理论的结果而又避免理论的非形式发展所遇到的一些困难。

在第二章讨论通过本体排除过程重构理论的话题时，我注意到，公理化场理论本身遭遇许多像哈格定理和把理论置于弯曲时空背景中的困难。我指出，对这些问题的一个回应就是尝试转向理论的更为“局部的”（local）观察基础。但正如我们已经注意到的，在构建严格的场理论时，也有一些步骤可以被看成远离那些从维护自身出发而过于局部（too local）的概念（第二章第四节）。

在许多公理化的场理论中，人们假定谈论点场值只能导致困难。一些问题来自数学，因为非正式理论随意性较强，如点上的算符的乘积，它的数学严密性是有问题的。但先假定一些发散的困难可能来自过于“点态的”（pointwise）理论结构是合理的。因此公理化的场理论构建了系统处理只限于伸展区域的可观察量的方法。在这样的解释中，通过使用仅限于紧域的非零函数，并对结果进行积分去“涂抹”（smear）[①] 点值函数时，场值才与可观察物相关。这里，我们想结合早先的两个论题探讨内在概念的困难。第一，人们试图通过把本体限制在“真正可观察物”的范围内重建理论。这里的“真正可观察物”被看成只是在伸展区域才可能由实验决定，如在盖革计数探测器的非零体积中检测粒子出现的情况。第二，人们认为早期理论是因为其过于理想化的形式才遭遇困难。容忍“场量的点值”这样的理想化概念自身

① 对函数在小区域进行积分可得到一种平均值，用它取代点值函数。物理学家有时把这一方法称为“涂抹”的函数值。——译者注

的某些成分，这个非正式理论可能冒险进入非经验区域，因而引起某些诸如发散的概念困难。

当然，我这里并不关心这类做法是否能真正处理发散问题。相反，我将用另一种处理发散问题的方式说明我目前的方法论立场。随着场论的发展，随着新的实验数据的积累，重整化可能会出现新的前景。这就是有效场论的思想。

实验表明，存在许多“基本”粒子。而且，这些粒子可以分成不同的等级，由逐级增加质量的粒子家族来刻画。当考虑到并算出更多、更高质量的粒子的详细的相互作用时，我们就可以明显地看到，如果在理论计算中加入额外粒子，那么一些因忽视高质量粒子而出现的发散会被“消除掉”。假如有这样的粒子等级，把旧的场理论，如量子电磁力学，看成只是处理有限范围现象的局部理论也是合理的。这里所讲的它们的局限性属于这种情况，就是试图利用它们处理它们的有限现象域，好像那个现象域不是更大的实体和性质的世界的一部分，好像那些粒子理论终归不仅是更具有包容性的理论的一部分，它还潜在地起着有害的误导作用。

这些发现廓清了一个旧的争论。当有限的能量截止第一次被作为重整化的手段引入时，它通常被看成场理论不能正确地在高能上发挥作用的反映，所以是处理一个充其量是局部的理论的手段。后来，一般的一致意见似乎是，引入截止没有那样的物理学意义，而只是一个成功的形式技巧，使之通过隔离发散产生正确的有限结果，这个原因还不完全清楚。毕竟，人们有时会问，当通常允许截止在重整化过程结尾回到无穷时，人们如何能够把截止看成理论的应用而提出一些真正的物理学极限？

从新的角度看，重整化过程中的高能截止可以再一次被看成植根于真正的物理学情境中。先允许对项进行重组，然后在计算的最后阶段放弃截止，继而重整化发散参数，这不能被看成只是一个形式技巧。相反，截止描述了低能理论可以合法处理的现象域极限。人们因而可以把量子电动力学看成适合处理与高质量粒子行为不相关的相互作用。当然，这意味着它只处理电子和光子在极低能量下的相互作用。因为，在极高能量下，高质量粒子可以在相互作用中产生，而它们的存在将构成一个有意义的决定相互作用参数的因素。

但是，我们仍然想知道，为什么重整化的“鬼把戏”能起作用？即使包含所有高质量粒子可能导致一个没有发散的理论，低能理论仍然具有发散。首先引入能量截止的技术，然后重新安排级数中的所有项，把发散项整合进一个有限数目的类中，再让截止回到无穷，但插入一个有限观察值参数，如果是从微扰项的发散类中计算出来，该参数应当是无穷的。这个步骤使得一个理论能够在有穷范围内正确地预测，这是为什么？

对这个问题的回答展现了一种看待由重整化产生的概念问题的新的方式。假如人们能够刻画基本粒子理论之间合适的关系，它只处理低质量层次的能级粒子，并作为完美理论，在计算中包括下一个高能范围的粒子，人们也许能够在较窄和较宽理论的这个特殊关系中发现对这个问题的解释：为什么较窄理论具有它确实具有的特征？这还包括解释：为什么发散首先在较窄理论中出现？但也解释：为什么能够用重整化方法成功地处理发散是可能的？这样的思想的出现是受一个详细计算推动的。该计算表明，在特殊情况下，在理论中引入更高质量的粒子如何确实能够排除在计算中忽视这些更活跃粒子时出现的一些发散。

值得注意的是，我们似乎可以找到这样的关系。很有趣，即使人们在详细说明相互作用时对在高能区域如何处理粒子知之甚少，我们还是可以精确地刻画这些关系。高能理论也许连一个在形式上与低能粒子相同的标准量子场理论都不是。例如，它可能是一个弦理论，在其中，普通粒子被看成基本线性实体的振荡状态，它不是一个像普通量子场理论那样的点粒子理论。关键是，即使对高能理论知之不多，人们还是能够区分支配更高能量或质量范围簇的各类粒子的不同等级的理论，从而推测理论之间的结构关系。这样的“理论的理论”可以用来把较低等级的理论的许多特征解释成它们的局限性和它们在总体结构中的地位造成的结果。

所谓的有效场理论追求的正是这样的假定的结构。该理论预测，高能现象对于低能现象有很大影响。当只处理低质量粒子的部分理论被看成各自独立的时候，高能现象就被忽视。但是，对来自被忽视的高能领域的低能现象的这些影响，我们可以以深刻的、系统展现的方式来考察。特别是，世界的高能特征被忽视，它在对实验结果有意义的低能领域会产生一些影响，但从在低能实验中观察到的预测结果来看，它们对低能现象的影响较小。

最令人惊奇的结果是那些继续给发散也给它们的重整化以解释的有效场理论。当有效场理论要求的条件得到满足时，被忽视的高能成分对低质量粒子的低能行为的主要影响将导致对诸如观察到的低能粒子的质量和电荷等参量产生较大修改。重整化对此的处理办法只是，在孤立的、局部的低能理论中找到观察到的质量和电荷的替代物。这些观察到的质量和电荷的值已经考虑到被忽视的高能特征的影响。

但是，在低能领域，也会有预测到的非重整化效应，它来自世界的被忽视的高能部分。假如有效场理论的条件再次得到满足，可以表明这些额外的效应并不大。特别地，它们的量值将与合适的函数成比例，这些函数是低质量粒子与高质量粒子的质量的比率。在这一阶段和等级上，低能理论试图解释的粒子的质量与那些低能粒子的实际质量是有区别的，这些区别越大，高能领域对低能现象存在的非重整化效应就越小。不过，在有些情况下，检测到这些在重整化低能理论中所忽视的效应是可能的。如果存在一些现象，它们因为违背局部理论的一些对称性要求而被这个低能理论完全排除在外，如果高能理论违背那个对称性要求，那么，在低能层次上，一些小的非重整化效应在低能局部理论预测到的那些零级效应的背景中是可能探测到的。

假定有效场理论是真的，人们就可以推测能量域等级的性质，推测属于那个等级的每个层次上的理论。等级的性质也许是这样的，存在着一些完全连续而没有发散的“包罗万象的终极理论”，因而不需要重整化。也许，终极理论本身是发散的，但完全是可重整化的（选择是令人困惑的，因为我们将不能通过诉诸更大的被忽视的实相领域及其影响来合理说明这个最后的重整化）。但是，也许会出现最诱人的结果，即根本没有“大一统”理论。是否有这样的世界：存在一个分立能量域的无穷等级，每一个这样的领域都可以由一个理论来描述，这个理论是发散的，但有限数量的参量的重整化可以控制它的发散？每个层次上都可以展现那个层次的非重整化理论所没有重视的小的非重整化效应，却可以作为高能范围的现象领域所存在的结果来解释。

目前还不能解释，有效场理论方法是否能够最终提供作为基本粒子的扩展理论的一个框架。但是，对当代粒子理论学家来说，这种解释的可能性和吸引力是很大的，它对说明我们这里关心的许多方法论问题是有利的。在基本粒子理论中，现行最好的理论本身暴露出一个内在的概念困难：它是发散的。人们设计了一系列的方法，用许多不同的方式“微调”或重构理论，试图让我们不顾概念反常，成功地应用我们的或然性理论。这些巧妙的办法使得我们避开了理论中许多明显的结构缺陷。尽管这些方法取得了成功，仍然有不能令人满意的地方，还存在理论处理中所谓的特设性，对方法的成功还缺乏真正的物理理解。因此，该理论被打入“冷宫”。对于该理论，人们既不能完全相信它，也不能无条件地直接接受它。尽管如此，它在经验上的明显成功将在很长时间内在科学中保持稳固的地位。因为，迄今为止，它自身对讨论的现象展现了所能给出的最好的描述。但是，希望总是存在的，这种微扰描述将被证明只是一个权宜之计，它会引导人们找到一个这样的理论：它在经验上是恰当的，却没有当前理论所面对的概念反常。

我们已经看到，处理这样的问题情境的一个办法就是设法重构理论，保留其经验上的成功，解决其内在的概念上的困难。这就要求排除那些对经验成功是非本质的但可能产生理论结构困难的构造物进行数学重建。例如，人们发现，公理化量子场论的一部分原动力是希望转向严格定义“被涂抹的”（smeared）可观察对象这样的策略有可能把发散从理论中清除出去。

不过，有效场论提出一种完全不同的摆脱困境的路径。从这个角度看，必须重整化的量子电动力学的困难不是源于理论描述中的数学构造物，而是源于理论的局限性。该理论只处理孤立的低能现象，忽视了理论处理的低能系统必然与之连接的世界的高能特征，正是这个原因造成发散问题。如果我们把当前理论看成只是一个局域的理论，只能在对世界的更一般描述的较完备的语境中成功地理解该理论，那么，展现在我们面前的就是这样的前景：既能理解发散的起源，也能理解把无穷大所造成的损害从理论应用中减除掉的重整化方法的成功。

有效场论为概括当前理论提供的处理办法恰当地表达了我们的一般观点：此时此地，在科学中，我们还有许多事可做，我们要研究现行最好的理论的公认的暂时地位。说人们能够做许多事不等于说要展示一个更好的理论以取代当前公认的不恰当的表述。我们当前最好的但不恰当的理论是如何符合我们希望将来得到发展得更恰当的理论的？有效场理论表达了进一步解释这个问题的一种可能性。关于当前理论及其应用范围的这样一个理论有时候可以解释现行最好的理论的问题的由来，指明充分解决这些问题的方法，甚至在重整化的情况下向我们解释为什么权宜手段能够给我们提供一种方式，通过规避不恰当性，合理地、有益地应用我们当前不恰当的理论。

有效场理论也描述了一般的论点：人们对当前理论可以有一个很好的认知态度，相当于相信当前理论“指向一个更好的未来”。看看这样的例子。我们探讨过处理公认的理论短暂性问题的三个模型——厘清该理论的成分，寻求一般约束，重组该理论的基本主张，以期发现恰当的转换公式，寻求在理论上理解当前不恰当理论在某些更一般、更恰当的描述中的可能地位。确实，考虑到这个例子，我们就开始理解这样的认知态度的意义究竟是什么。相信一个理论指向未来就是相信：寻找未来某些更好的替代理论的恰当的方法论就是系统探索当前不恰当的理论的多重特征。我们可能不相信我们拥有真理，但我们常常相信，并且有很好的理由相信，接近真理的最好的方式就是尝试系统地、深刻地理解我们确实拥有的东西——迄今为止最好的却可能是不恰当的理论。

当然，如果我们相信当前最好的理论可以指导我们获得未来更好的理论，我们可能就错了。很可能的情况是，科学史中的标志性事件是科学革命，科学革命是如此激动人心，它完全改变了我们的世界图景，它使我们反思我们在科学革命发生之前相信的那些理论到底有多大的正确性。但是，我认为，关于过去发生的科学革命的观点甚至误解了迄今为止的物理学世界图景的最基本变化。相信这样的剧烈的概念革命会在未来发生，或相信它或许就是未来普通的事件，这本身就是一种在某种意义上不可能拒绝的怀疑主义。要人们想象这样的全新的世界图景会是什么样的肯定是很困难的。他们起码必须理解为什么先前理论在经验上是那样成功。

为未来铺平道路，我们需要给出合理的根据来创建这样或那样的纲领，探讨和重建当前不恰当的理论。在检查这样的合理根据时，我们还有许多东西需要了解。有人认为我们能够找到一个“发现的方法”，给出任一种决定方式，指导我们决定如何在具体情形下贯彻纲领。这是值得怀疑的。但是，较宽的方法论原则和具体问题情境的科学语境是如何使得这样或那样的最适合解决当前问题的想象的纲领变得较为合理的？在这一点上，我们也许还要谈谈一些更一般的情况。这样的“理论预期的方法论”也许可以作为对其他方法论的补充。那些方法论打算为实际上已经形成的理论提供深刻的信念辩护的根据。我们很可能有一个系统的辩护方式，为处理当前理论结构的这样或那样的方法辩护。人们认为这些理论还称不上信念。这里的辩护在于似合理的论证（plausibility arguments），就是说，应用于当前理论的一些特殊的阐明过程，或概述当前理论及其未来预期地位的一些特殊方式，可以得到合理论证：如果拥有一般的方法论原则，我们就可以追踪当前理论中的详细困难；既然我们现在还不能提出未来更好的理论，我们就需要介入处理当前理论的一些过程或采用其他方式。这一科学追求是合理的。

内在的概念反常造成理论的公认的短暂性，而试图处理这个问题时，我们又很难找到合适的替代理论。通过考察理论的短暂性，我们可以获得其他一般洞见吗？我看是可以的。我早就注意到这个著名的建议：我们要把科学看成经常提出这样的理论，它的预期的预测和解释范围在原则上被看成有限的。一些人论证了这一点，他们阐明了这样的科学思想，即追求那些包罗万象的万能理论是不切实际的。

有一种完全不同的看法，我没有在这里讨论，但它似乎也是很合理的。该看法是：即使一些万能的基础物理学理论是可以达到的，在科学中仍然有各种“具体科学”（special sciences）的回旋余地，每个具体科学都有其自身的特殊概念，都处理最大系统的一些特殊子系统。毫无疑问，万能物理学的存在将为具有自身特殊词汇的生物学及其分支以及社会学和心理学留下空间。这些理论的概念在基础物理学中是根本无用的，但对于以某种方式厘清他们的那部分世界中发生的事件将仍然是有用的。比方说，一个万能的物理学理论甚至允许我们继续探讨一张桌子的观念或一个生物物种的观念。我们不需要任何有用的方式，或许根本不需要任何方式，用基础物理学的概念定义一个桌子或一个生物物种是什么。相反，我们这里关心的是这样的观点：永远都不可能存在这样一个万能的物理学理论。

我已经论证过，现存理论的有限应用范围本身并不排除作为实在论理想的未来的某些万能理论的观念。这些理论必然在自身之中嵌入某些理想化成分，因此，它们只是应用于模型而不是真实系统本身时才是可想象的。

作为一个例子，有效场论的情况清楚地表明了可能的普遍性问题，而不是一般理论的原则上的有限的应用问题。因为，在有效场论中，我们看到，我们一方面追求充其量具有有限应用范围的理论，一方面希望找到一个可恰当地认为是万能的理论，它们可能在一个令人称奇的、精致的方式中协调起来。有效场论的一个必要的部分是考察已有量子场论得以应用，以期获得可靠预测的范围的大小。它的另一个必要的部分是考察每一个场论的有限范围如何彼此关联，这些范围及满足这些范围的恰当的理论是如何被组织进一个等级结构中的。有效场论还可能给我们提供一个思考万能理论的可能性的新的方式。即使证明在金字塔的顶端没有单个的“终极理论”（final theory），情况还是这样。即使理论的等级永远存在，对那个等级本身的描述在某种意义上将构成普遍化的世界图景。

单个的场论只是在它的局部范围内才是适用的，它是如何与总括的普遍图景相匹配的？理解这个问题对于理解每一个局部理论的内在工作原理是绝对必要的。这个观念正是有效场论的特别新颖之处。因为只是通过使得局部描述适合于总体的等级图景，我们才理解困扰每一局部理论的特殊的内在概念反常是如何产生的。而且，只是通过明了每一局部理论在总体等级中的地位，我们才理解为什么逐步产生的用以解决困扰局部理论的概念反常的方法如此成功。

有效场理论本身是否永远会成为我们接受的基础理论的一部分？它最终是否证明是处理发散和重整化的正确的方式？这些问题的答案还不明朗。但是，它作为假设的真正存在，给我们提供了又一个例子，借以说明实践科学如何能够给方法论者提供思考方法问题和理论结构问题的方式。如果仅仅从抽象的、与科学无关的角度考察，方法问题和理论结构问题将会被忽视。有效场论表明，它可以成为看待下述观点的可能方式，即理论在原则上永远是范围有限的碎片，人们期望它能够恰当处理世界的有限部分。但是，有效场论也能成为看待下述简单观点的可能方式，即在通常意义上存在一个可普遍应用的理论。例如，已经证明，基本的物理学理论将由无穷等级的理论构成，每个理论都有其自身的有限范围，但所有理论都因它们在等级中的地位联系在一起。不仅如此，业已证明，等级中没有一个局部理论的内在特质能够在不考虑它在总体结构中的地位的情况下被恰当地理解。

我认为，这里所阐明的观点都可以通过基础物理学史中的许多早期案例来阐明。我们必须继续更新、修正我们的方法论观点，我们可以通过考察物理学理论化本身的详细机制来形成深刻的见解。对这个理论化本身的内在工作原理或机制的探索要不断地求助于哲学思维方式，也要不断地给方法论者提供抽象思考的新途径，以探寻一个理论、一门科学和一个方法可能是怎样的或应当是怎样的。

推荐读物

科学实在论和科学趋同论主张科学是对世界的唯一真的描述，对此的一般反驳论证，见 Kuhn（1970）和 Feyerabend（1962）。关于主观概率和行动的论述，见 Howson 和 Urbach（1993）第五、六章，Skyrms（1984）第二、三章。关于主观概率与可比置信度的联系，见 Fine（1973）、Joyce（1998）第三章。Howson 和 Urbach（1993）第二部分、Earman（1992）、Maher（1993）讨论了科学确证的贝叶斯理论。

关于建构经验论，见 van Fraassen（1980）。对“非未来样态”（non-future looking）① 的科学合理性的论述，见 Laudan（1977）。在 Boyd（1990）及其中引用的他的其他著作中可以找到支持趋同实在论的论述。Kuhn（1970）对描述世界的极为不同的理论之间的通约性给出否定性论述。关于处理理论变化的拉姆赛语句，见 Sneed（1971）。Sklar（1985a）论述了拯救理论的“削减内容”。

关于量子场论的内在问题，见 Haag（1996）第二章。Albert（1992）特别是在第四章介绍了量子力学的测量问题。关于牛顿动力学的多样化论述，见 Goldstein（1980）。Jammer（1966）详细描述了量子力学以不同形态的牛顿理论为指导得以初步发展的方式。

关于在时空理论中利用嘉当几何的统一场论，见 Einstein（1950）附录二、Cartan（1923）。外尔的规范理论见 Weyl（1952）。关于广义相对论量子化过程中遇到的问题的一些材料，见 Isham（1991）、Ashtekar 和 Stachel（1991）。

关于使得经典物理学中海维赛德算子计算和量子力学中狄拉克 δ 函数同时获得数学依据的基本数学处理方法，见 Schwartz（1952）。关于这一工作的

① “非未来样态”意指谈论一种信念合理性的方式，该信念合理性不关心科学的未来样态。——译者注

概述，见 Itö（1993）第 1 卷，第 125 条，第 473 ~ 474 页“频率分布与超函数”；第 2 卷，第 306 条，第 1152 ~ 1154 页“操作计算”。这一方法的进一步运用见 Schwartz（1968）。关于处理量子力学中 δ 函数的一个替代办法，Jordan（1969）第三章第十七节有一个简短的、清楚的论述。关于量子场论的一些数学构造物及如何处理它们的一般讨论，见 Haag（1996）。

关于量子场论的重整化论述的材料，见 Brown（1993a）、Dresden（1993）、Mills（1993）、Shirkov（1993）。关于热力学和统计力学的重整化的介绍，见 Bruce 和 Wallace（1989）。Georgi（1989）、Cao（1993）和 Schweber（1993）介绍了有效场论。

第五章 结　　论

我们已经探讨怀疑我们的基础物理学理论的真实性的三个主要根据。这一怀疑主义认为，无条件地论断理论和相信理论是不恰当的。把理论天真地理解为对真理的论断，对此的哲学批判没有一个在科学所谓的独断性或相对主义及其各种方法中找到其动机。这些方法是目前流行的各种实用主义和知识社会学在今天的翻版。

我们考察了否认理论的纯粹真理性的三个根据。首先，基础物理学理论的假定值得怀疑。我们的基础物理学理论超出了潜在的可观察范围，宣称原则上不可观察的实体和特性的存在并推断其性质。其次，怀疑针对这个观点：可以把我们的理论看成为我们提供了对世界的真的描述，它依赖于在系统阐明我们的理论中诉诸理想化的所谓不可回避的需要；理想化使得我们的断言为真，如果有根源，它仅仅来自事物的抽象模式，而不是来自事物本身。最后，关于理论的朴素断言的怀疑论依据的观点是，所有这些理论在一些最值得重视的假设中充其量仅仅是短暂的过客，而目前每个受宠的理论最终将被其他与之不协调的另类理论取代。

我已经论证过，对于每一个这样的怀疑，都存在着十分丰富的方法论问题，对它们进行哲学探讨的时机已经成熟了。然而，这些问题并没有引起应有的重视。思考基于认知批判的本体论排除，思考理论建构中理想化的地位，思考人们对理论仅仅是短暂的这样的认识的批判性回应，在科学本身的发展过程中起着重要的作用。当人们认识到这些思考的作用时，方法论问题就涌现出来了。在理论建构中，在科学内部对理论的批判中，在对理论的重构和系统阐明中，对于上述每一项科学事业，每一个怀疑论的哲学模式都能够以科学中特殊的理论化模式的方式给出其自身特殊的，通常是高度语境相关的回应。

我并不反对在高度抽象的层次上处理三大怀疑的动机问题，这些问题通常在方法论科学哲学中得以解决。我也不怀疑，在我们以尽可能独立的态度讨论科学内部的特定理论的具体细节的任何一个主要问题时，我们对于方法论、认识论、形而上学和语义的重要性已经有不少了解，而且还会有更多的了解。特别是，用方法论科学哲学处理的问题和用一般形而上学、认识论和语言哲学处理的问题之间隐藏着某些深刻的关系，以这样的抽象方式探讨这些问题，我们就可以更多地了解这些关系。

但是，我已经论证，如果我们不重视考察批判性的哲学思维模式在具体科学理论本身中起作用的方式的细节特征，那么就会忽视完整的问题域。

对科学中的本体论排除的研究向我们揭示了各种具体的依赖语境的动机，这些动机引导科学提出排除假定的不可观察的结构的纲领，该纲领部分地得到认识论的合理论证。我们看到，这样的纲领的根据绝不仅仅来自实证论者的或经验论者本身的思考。正是理论所面对的这样或那样的具体困难导致科学家建议通过清除所谓无用的不可观察的成分来革新理论。另一方面，对科学中本体论排除的那些详细情形的范围的探索向我们揭示了这样的事实：在许多情况下，哲学内在地关注的东西正是那些推动一般的经验论和实证论的东西，这些关注起着共同的作用。后一事实使人对这一思想产生怀疑：人们可以从纯粹自然主义的视角考察科学实践中运用的所有方法。

当从科学中的批判性分析所起作用的观点看待对理论中的理想化地位的批判性考察的作用时，人们就会发现与某些人所强调的东西完全不同的东西，这些人从更为抽象的视角重点讨论理想化的不可消除性。在理想化是“可控性”的情况下，科学家并不担心使用它；但在涉及正确解释方案的较深入的重要问题时，理想化就令人担心了。理想化的断言不能被无条件地看成真实系统的真的断言，这个纯粹事实本身并没有引起严重关注。如下观点也谈不上多深刻：理想化断言仅仅因为一些抽象模型与真实世界有某种类似关系就可能被无条件地看成真的，并使得断言与真实世界的联系要通过两步走的间接过程来实现。

相反，我们发现，在科学内部，对于理想化在我们理论中所起的作用的批判性关注，只是在解释结构的深刻理论问题随着理想化的合法性而改变时才会出现。不管怎样，这个合法性不能通过浅易的办法来决定。在科学中，把一个系统从世界中完全分离出来处理的合法性只是在诸如下述理论中才真正谈得上：处理惯性力的起源的理论，处理热力过程的时间对称性的起源的理论，或解释量子力学中测量的特殊作用的理论。这里的问题不是我们可能希望做出的关于该系统的某些类律断言的精确真理，而是我们假定的该现象的解释结构的真正性质。在科学中，利用一些有限过程以取得必要结果的合法性只是在诸如统计力学中才有很大关系。这里，如前所述，有限结果只是在真实系统的理想化模型中才是真的，这个事实本身不是我们关注它的主要原因。我们强调这样的事实：不同的有限程序都试图实现对该现象的最佳理论解释，但似乎都只能把握局部。因而，应用一些有限程序的合法性的争论其实就是争论哪一个基本解释会被看成对要解释对象的真正阐明。

在我们已经接受的理论假说中，当所谓的理论的短暂性引出我们讨论的这些问题时，我们再一次发现，盘踞在科学工作者心中的关于短暂性的批判性问题与当方法论的非实在论处于前沿时吸引我们注意的那些问题完全不同。方法论的非实在论建立在对不断推翻已接受理论的抽象思考之上。在科学内部，绝不是理论被推翻的一般可能性导致对真理的怀疑。确切地讲，是理论与实验数据的关系的具体问题，或理论的内在一致性问题，或理论与已解释的背景理论的一致性问题，导致把理论仅仅看成暂时的过渡和对它的随之而来的批判性讨论。

对理论问题引出的怀疑论的回应很少是简单地对理论采取怀疑的态度，或对理论的某些方面的全盘拒斥。确切地说，困难的暴露通常导致能动的、系统的纲领的产生，由这些纲领回应已经发现的问题。我们已经看到，有许多反复出现的结构元素构成这种回应。而且，这种回应不必立即找到恰当的更好的理论来取代其中有错误的理论，但是它通常是实现这一目标的开端。人们可以分割该理论的基本成分，搞清每一具体部分的贡献，以期找出错误所在，并修复之。人们可以用各种方式重新阐明可疑理论，以期提出理想的、合适的建议，在不受该错误影响的情况下指出替换理论的可能形态。或者，人们可以提出一个较高层次的理论，研究可疑理论如何作为对世界的局部描述进入一个更彻底的综合的理论结构中，探索具有局限性的可疑理论的地位如何有助于解决理论明显的困难。

当人们发现目前的情况不能令人满意时，回应理论中的缺点的每一这样的模式都构成“迎接未来”的一般纲领的一部分。人们发现处理理论的这样一个保守模式是不恰当的——应当以前瞻性眼光探究和重构理论，而不应当把放弃的理论简单地扔进垃圾堆里。这个事实足以表明，对于甚至最激进的革命性科学变化的主张，对于革命后的理论与它的先前理论的所谓“不可通约性”主张，我们必须对其持强烈的保留态度。即使人们不相信一个理论，人们可以相信它是指向未来的。这等于以我们注意过的方式处理理论。

我们得出的一般结论是，一般方法论纲领所提倡的批判性哲学思维方式在建构、检验、修改或取代基础物理学理论的科学事业中起着深刻的作用。科学方法负载哲学方法和哲学洞见。同时，存在着对丰富的方法论和哲学的理解，这个理解只有在这种情况下才是可能的，即在科学实践本身中，在依赖语境的、理论和经验的推动作用中，人们探究其中出现的一般的批判性哲学和方法论所熟知的问题。

References

Abraham, R. and Shaw, C. 1992. *Dynamics: The Geometry of Behavior.* Redwood City: Addison-Wesley.

Abrams, M. 1971. *Natural Supernaturalism.* New York: Norton.

Albert, D. 1992. *Quantum Mechanics and Experience.* Cambridge, Mass.: Harvard University Press.

Ashtekar, A. and Stachel, J. 1991. *Conceptual Problems of Quantum Gravity.* Boston: Birkhäuser.

Barbour, J. 1989. *Absolute or Relative Motion,* vol. 1, *The Discovery of Dynamics.* Cambridge: Cambridge University Press.

Batterman, R. 1997. "In a Mist: Asymptotic Theories on a Caustic." *Studies in History and Philosophy of Modern Physics* 28B: 395–413.

Blatt, J. 1959. "An Alternative Approach to the Ergodic Problem." *Progress in Theoretical Physics* 22: 745–55.

Bloor, D. 1991. *Knowledge and Social Imagery,* 2nd ed. Chicago: University of Chicago Press.

Bohm, D. and Hiley, B. 1993. *The Undivided Universe.* London: Routledge.

Boyd, R. 1990. "Realism, Approximate Truth and Philosophical Method." In C. Savage, ed., *Minnesota Studies in the Philosophy of Science,* vol. 14, *Scientific Theories.* Minneapolis: University of Minnesota Press: 333–91.

Brown, L. 1993*a*. "Introduction: Renormalization 1930–1950." In Brown (1993*b*): 1–28.

—— ed. 1993*b*. *Renormalization: From Lorentz to Landau and Beyond.* New York: Springer.

Bruce, A. and Wallace, D. 1989. "Critical Point Phenomena: Universal Physics at Large Length Scales." In Davies (1989): 236–67.

Cao, T. 1993. "New Philosophy of Renormalization: From the Renormalization Group Equations to Effective Field Theory." In Brown (1993*b*): 87–134.

Cartan, É. 1923. "Sur les variétés à connexion affine et la théorie de la relativité generalisée (première partie)." *Annales École Normale Superieure* 40: 325–412.

CARTWRIGHT, N. 1983. *How the Laws of Physics Lie*. Oxford: Oxford University Press.

DAVIES, P. 1989. *The New Physics*. Cambridge: Cambridge University Press.

DRESDEN, M. 1993. "Renormalization in Historical Perspective: The First Stage" In Brown (1993*b*): 29–56.

EARMAN, J. 1989. *World Enough and Space-Time*. Cambridge, Mass.: MIT Press.

—— 1992. *Bayes or Bust: A Critical Examination of Bayesian Confirmation Theory*. Cambridge, Mass.: MIT Press.

EHLERS, J., PIRANI, F., and SCHILD, A. 1972. "The Geometry of Free Fall and Light Propagation." In L. O'Raifeartaigh, ed. *General Relativity*. Oxford: Clarendon Press: 63–84.

EINSTEIN, A. 1950. *The Meaning of Relativity*. Princeton: Princeton University Press.

FEYERABEND, P. 1962. "Explanation, Reduction, and Empiricism." In H. Feigl and G. Maxwell, eds., *Minnesota Studies in the Philosophy of Science*, vol. 3, *Scientific Explanation, Space, and Time*. Minneapolis: University of Minnesota Press: 28–97.

FINE, T. 1973. *Theories of Probability: An Examination of Foundations*. New York: Academic Press.

FRIEDMAN, M. 1983. *Foundations of Space-Time Theories: Relativistic Physics and Philosophy of Science*. Princeton: Princeton University Press.

GAMBINI, R. and PULLIN, J., eds. 1996. *Loops, Knots, Gauge Theories and Quantum Gravity*. Cambridge: Cambridge University Press.

GEORGI, H. 1989. "Effective Field Theories." In Davies (1989): 425–45.

GIERE, R. 1988. *Explaining Science: A Cognitive Approach*. Chicago: University of Chicago Press.

GOLDSTEIN, H. 1980. *Classical Dynamics*, 2nd ed. Reading, Mass.: Addison-Wesley.

HAAG, R. 1996. *Local Quantum Physics: Fields, Particles, Algebras*, 2nd ed. Berlin: Springer.

HANSON, N. 1958. *Patterns of Discovery*. Cambridge: Cambridge University Press.

HEMPEL, C. 1965. "The Theoretician's Dilemma." In C. Hempel, *Aspects of Scientific Explanation and Other Essays in the Philosophy of Science*. New York: Free Press: 173–228.

HENNEAUX, M. and TEITELBOIM, C. 1992. *Quantization of Gauge Systems*. Princeton: Princeton University Press.

HESSE, M. 1966. *Models and Analogies in Science*. Notre Dame, Ind.: University of Notre Dame Press.

HORWICH, P. 1987. *Asymmetries in Time*. Cambridge, Mass.: MIT Press.
HOWSON, C. and URBACH, P. 1993. *Scientific Reasoning: The Bayesian Approach*, 2nd ed. Chicago: Open Court.
ISHAM, C. 1991. "Conceptual and Geometrical Problems in Quantum Gravity." In H. Mitter and H. Gausterer, eds., *Recent Aspects of Quantum Fields*. New York: Springer: 123–229.
ITÖ, K., ed. 1993. *Encyclopedic Dictionary of Mathematics*, 2nd ed. Cambridge, Mass.: MIT Press.
JAMMER, M. 1966. *The Development of Quantum Mechanics*. New York: McGraw-Hill.
—— 1974. *The Philosophy of Quantum Mechanics: The Interpretations of Quantum Mechanics in Historical Perspective*. New York: Wiley.
JORDAN, T. 1969. *Linear Operators for Quantum Mechanics*. New York: Wiley.
JOYCE, J. 1998. "A Nonpragmatic Vindication of Probabilism." *Philosophy of Science* 65: 575–603.
KOPERSKI, J. 1998. "Models, Confirmation, and Chaos." *Philosophy of Science* 65: 624–48.
KUHN, T. 1970. *The Structure of Scientific Revolutions*, 2nd ed. Chicago: University of Chicago Press.
LANFORD, O. 1983. "On a Derivation of the Boltzmann Equation." In J. Lebowitz and E. Montroll, eds., *Non-Equilibrium Phenomena I: The Boltzmann Equation*. Amsterdam: North-Holland.
LAUDAN, L. 1977. *Progress and its Problems*. Berkeley: University of California Press.
LAYMON, R. 1985. "Idealization and the Testing of Theory by Experimentation." In P. Achinstein and O. Hannaway, eds., *Observation, Experimentation and Hypothesis in Modern Physical Science*. Cambridge, Mass.: MIT Press: 147–73.
LEBOWITZ, J. 1983. "Microscopic Dynamics and Macroscopic Laws." In C. Horton, L. Reichl, and V. Szebehely, eds., *Long-Time Prediction in Dynamics*. New York: Wiley.
MAHER, P. 1993. *Betting on Theories*. Cambridge: Cambridge University Press.
MALAMENT, D. 1986. "Newtonian Gravity, Limits, and the Geometry of Space." In R. Colodny, ed. *From Quarks to Quasars: Philosophical Problems of Modern Physics*. Pittsburgh: University of Pittsburgh Press: 181–201.
MARZKE, R. and WHEELER, J. 1964. "Gravitation as Geometry, I: The Geometry of Spacetime and the Geometrodynamical Standard." In H.

Chiu and W. Hoffman, eds., *Gravitation and Geometry*. New York: Benjamin: 40–64.

MAYER, J. 1961. "Approach to Thermodynamic Equilibrium." *Journal of Chemical Physics* 34: 1207–20.

MAXWELL, G. 1962. "The Ontological Status of Theoretical Entities." In H. Feigl and G. Maxwell, eds., *Minnesota Studies in the Philosophy of Science*, vol. 3, *Scientific Explanation, Space, and Time*. Minneapolis: University of Minnesota Press: 3–27.

MILLS, R. 1993. "Tutorial on Infinities." In Brown (1993*b*): 57–86.

OMNÈS, R. 1994. *The Interpretation of Quantum Mechanics*. Princeton: Princeton University Press.

OZORIO DE ALMEIDA, A. 1988. *Hamiltonian Systems: Chaos and Quantization*. Cambridge: Cambridge University Press.

PETERSEN, A. 1968. *Quantum Physics and the Philosophical Tradition*. Cambridge, Mass.: MIT Press.

PICKERING, A. 1984. *Constructing Quarks*. Chicago: University of Chicago Press.

POLANYI, M. 1958. *Personal Knowledge: Towards a Post-Critical Philosophy*. London: Routledge & Kegan Paul.

PUTNAM, H. 1978. "Realism and Reason." In H. Putnam, *Meaning and the Moral Sciences*. London: Routledge.

—— 1990. "A Defense of Internal Realism." In H. Putnam, *Realism With a Human Face*. Cambridge, Mass.: Harvard University Press.

QUINE, W. 1969. "Epistemology Naturalized." In W. Quine, *Ontological Relativity and Other Essays*. New York: Columbia University Press.

—— 1990. *Pursuit of Truth*. Cambridge, Mass.: Harvard University Press.

RAMSEY, F. 1960. "General Propositions and Causality." In F. Ramsey, *The Foundations of Mathematics*. Paterson, N.J.: Littlefield, Adams.

REDHEAD, M. 1980. "Models in Physics." *British Journal for the Philosophy of Science* 31: 154–63.

ROHRLICH, F. 1989. "The Logic of Reduction: The Case of Gravitation." *Foundations of Physics* 19: 1151–70.

—— 1990. "There is Good Physics in Reduction." *Foundations of Physics* 20: 1399–1412.

RUELLE, D. 1969. *Statistical Mechanics*. New York: Benjamin.

RYDER, L. 1985. *Quantum Field Theory*. Cambridge: Cambridge University Press.

RYLE, G. 1950. "'If,' 'So,' and 'Because.'" In M. Black, ed., *Philosophical Analysis: A Collection of Essays*. Ithaca: Cornell University Press.

SCHWARTZ, L. 1952. *Introduction to the Theory of Distributions*. Toronto:

University of Toronto Press.
—— 1968. *Application of Distributions to the Theory of Elementary Particles in Quantum Mechanics*. New York: Gordon & Breach.
SCHWEBER, S. 1993. "Changing Conceptualization of Renormalization Theory." In Brown (1993*b*): 135–66.
SHIRKOV, D. 1993. "Historical Remarks on the Renormalization Group." In Brown (1993*b*): 167–86.
SKLAR, L. 1974. *Space, Time and Spacetime*. Berkeley: University of California Press.
—— 1985*a*. "Do Unborn Hypotheses Have Rights?" In Sklar (1985*c*): 148–66.
—— 1985*b*. "Facts, Conventions and Assumptions in the Theory of Spacetime." In Sklar (1985*c*): 73–147.
—— 1985*c*. *Philosophy and Spacetime Physics*. Berkeley: University of California Press.
—— 1993. *Physics and Chance: Philosophical Issues in the Foundations of Statistical Mechanics*. Cambridge: Cambridge University Press.
SKYRMS, B. 1984. *Pragmatics and Empiricism*. New Haven: Yale University Press.
SMITH, P. 1998. *Explaining Chaos*. Cambridge: Cambridge University Press.
SNEED, J. 1971. *The Logical Structure of Mathematical Physics*. New York: Humanities Press.
STREATER, R. and WIGHTMAN, A. 1964. *PCT, Spin, Statistics and All That*. New York: Benjamin.
VAN FRAASSEN, B. 1980. *The Scientific Image*. Oxford: Clarendon Press.
VISCONTI, A. 1969. *Quantum Field Theory*. Oxford: Pergamon.
WALD, R. 1994. *Quantum Field Theory in Curved Spacetime and Black Hole Thermodynamics*. Chicago: University of Chicago Press.
WEINBERG, S. 1995. *The Quantum Theory of Fields*, vol. 1. Cambridge: Cambridge University Press.
WEYL, H. 1952. *Space-Time-Matter*.

索　引

|索　　引|

附录　斯克拉教授简历和学术成果一览

Lawrence Sklar

Born: June 25, 1938 in Baltimore, MD

Married to: Elizabeth S. Sklar; one child

Education

Oberlin College, B. A. , 1958

Princeton University, M. A. , 1960; Ph. D. , 1964

Fellowships, Awards and National Offices Held

Undergraduate

Ford Foundation Early Admission Scholarship

Honors List (all years)

Phi Beta Kappa (elected in junior year)

Sigma Xi (associate member)

Graduate

Woodrow Wilson Fellowship, 1959-1960

Chancellor Green Fellowship, 1960-1961

Charlotte Elizabeth Proctor Advanced Fellowship (awarded to top ten students in third year graduate class), 1961-1962

National Science Foundation Cooperative Fellowship, 1962-1963

Post-Graduate

American Council of Learned Societies Study Fellowship (held at Oxford University), 1965-1966

Franklin J. Matchette Prize. Awarded by the American Philosophical Association to Space, Time, and Spacetime as outstanding philosophical book of 1973 and 1974

John Simon Guggenheim Memorial Foundation Fellowship, 1974-1975

National Science Foundation Research Grants, 1977-1978, 1979-1980, 1982, 1984-1985, 1986-1987, 1988-1989, 1998-2001, 2002-2003

Rackham Foundation Summer Research Fellowship, 1983, 1994

Nelson Fellow, Philosophy Department, University of Michigan, 1991-1994, 1995-

James B. and Grace J. Nelson Professorship, Philosophy Department, University of Michigan, 1994-1995

National Endowment for the Humanities Fellowship, 1995-1996

Faculty Recognition Award, University of Michigan, 1995-1998

William K. Frankena Collegiate Professorship, University of Michigan, 1995-2002

Lakatos Award. Awarded to Physics and Chance as outstanding book in the philosophy of science for 1995

Physics and Chance selected by Choice Magazine as Outstanding Academic Book in the philosophy of science for 1995

Fellow, American Academy of Arts and Sciences, 1996

John Locke Lectureship in Philosophy, Oxford University, 1998

Visiting Fellowship, All Souls College, Oxford University, 1998

Michigan Humanities Award, 1998-1999

University of Michigan LS & A Excellence in Research Award, 1999

Vice-President, American Philosophical Association, Central Division, 1999-2000

President, American Philosophical Association, Central Division, 2000-2001

Past-President, American Philosophical Association, Central Division, 2001-2002

Steelcase Research Professorship, Institute for the Humanities, University of Michigan, 2000-2001

Carl G. Hempel and William K. Frankena Distinguished University Professorship, University of Michigan, 2002-

University of California Irvine Chancellor's Distinguished Fellow, 2003

President-Elect, Philosophy of Science Association, 2005-2006

President, Philosophy of Science Association, 2007-2008

Past-President, Philosophy of Science Association, 2009-2010

LSA/OVPR Humanities Award, 2007-2008

Titular Member, Académie Internationale de Philosophie des Sciences

Memberships

American Philosophical Association

Philosophy of Science Association

Fullerton Club, 1962-1966

Research Club of the University of Michigan

Teaching

Teaching Fellow	Princeton University 1959-1960
Instructor	Swarthmore College 1962-1965
Visiting Lecturer	University of Illinois Summer 1963
Assistant Professor	Swarthmore College 1965-1966
Assistant Professor	Princeton University 1966-1968
Visiting Assistant Professor	University of Pennsylvania Summer 1968
Associate Professor	University of Michigan 1968-1974
Visiting Associate Professor	Harvard University Summer 1970

Visiting Associate Professor	UCLA 1973
Professor	University of Michigan 1974-
Visiting Professor	Wayne State University 1977
Nelson Professor	University of Michigan 1994-1995
Collegiate Professor	University of Michigan 1995-2002
DistinguishedUniversity Professor	University of Michigan 2002-

Administration and Service

Associate Chairman, Department of Philosophy, The University of Michigan, 1970-1972, 1982-1983, 1983-1984, 1986-1987, 1989-1991

National Science Foundation, Committee on Graduate Awards, 1970-1972

Delegate of the Philosophy of Science Association to the United States

National Committee for the International Union of the History and Philosophy of Science, 1974-1978

Program Committee, Philosophy of Science Association; 1976 meetings and 1980 meetings

Alumni in Service to Oberlin College, 1978-1979

Member, Board of Editors, Philosophy of Science, 1977-1981, 1984-

Divisional Board for Humanities and Arts, Rackham School of Graduate Studies, The University of Michigan, 1977-1978, 1979-1980, 1980-1981, 1981-1982, 1986-1988, 1990

Reviewer, Mathematical Reviews, 1978-

Nominating Committee, Rackham School, 1980

Member, Governing Board of the Philosophy of Science Association, 1981-1984

Program Committee, American Philosophical Association, Western Division, 1982 meetings

National Science Foundation, Research Grants Panel for the History and Philosophy of Science, 1984-1987

Referee for the United States National Committee for the International Union for the History and Philosophy of Science, 1986

Grant Awards Panel, National Endowment for the Humanities, 1988

Awards Panel, Lakatos Award, 1990-1995, 1997-

Member, Editorial Advisory Board, Studies in History and Philosophy of Modern Physics, 1995-1999

Advisory Board, Philosophical Essays

Member, Executive Committee, American Philosophical Association, Central Division, 1999-2002

External Review Panel, Department of Philosophy, University of Maryland, 1999

Member, Board of Editors, Philosophy and Phenomenological Research, 2000-2005

External Reviewer, Department of Logic and Philosophy of Science, University of California, Irvine, 2003

Publications

1967

1. "The Falsifiability of Geometric Theories," Journal of Philosophy, Vol. LXIV, No. 8 (April 27, 1967) pp. 247-253.

2. "Types of Inter-Theoretical Reduction," British Journal for the Philosophy of Science, Vol. 18, No. 2 (August 1967) pp. 109-124.

3. Review of M. Bunge, ed., Delaware Seminar in the Foundations of Physics, in American Scientist, (September 1967) p. 340.

4. Review of M. Bunge, Scientific Research, in American Scientist (December 1967) p. 507A.

1968

5. Review of R. Schlegel, Completeness in Science, in Journal of Philosophy, Vol. LXV, No. 6 (March 21, 1968) pp. 179-183.

6. Review of K. Przibram, Letters on Wave Mechanics, in American Scientist, Vol. 56, No. 1 (Spring 1968) p. 53A.

7. Review of A. Kitaigorodskiy, Order and Disorder in the World of Atoms, in Physics Today, Vol. 21, No. 3 (March 1968) p. 93.

1969

8. "The Conventionality of Geometry," American Philosophical Quarterly, Monograph Series, Vol. III, "The Philosophy of Science," (1969) pp. 42-60.

9. Review of R. B. Lindsay, The Nature of Physics, in American Scientist, Vol. 57, No. 2 (Summer 1969) p. 128A.

10. Review of A. Petersen, Quantum Physics and the Philosophical Tradition, in American Scientist, Vol. 57, No. 2 (Summer 1969) pp. 131A-132A.

11. Review of H. Bondi, Assumption and Myth in Physical Theory, in Physics Today, Vol. 22, No. 8 (August 1969) p. 79.

1970

12. "Is Probability a Dispositional Property?" Journal of Philosophy, Vol. LXVII, No. 11 (June 11, 1970) pp. 355-366.

1972

13. "Absolute Space and the Metaphysics of Theories," Nous, Vol. VI, No. 4 (November 1972), pp. 289-309.

14. Review of A. Grünbaum, Geometry and Chronometry in Philosophical Perspective, in Philosophical Review, Vol. LXXXI, No. 4 (October 1972) pp. 506-509.

1973

15. "Unfair to Frequencies," Journal of Philosophy, Vol. LXX, No. 2 (January 15, 1973) pp. 41-52.

16. "Statistical Explanation and Ergodic Theory," Philosophy of Science, Vol. 40, No. 2 (June 1973) pp. 194-212.

17. (with S. Stich and J. Tinnon) "Entailment and the Verificationist Program," Ratio, Vol. XV, No. 1 (June 1973) pp. 84-97.

18. (with S. Stich and J. Tinnon) "Die Logische Folge und das Programm der Verifikationsanhanger," (German version of the item immediately above), Ratio, German Edition, 15. Band, Heft 1, pp. 79-92.

1974

19. Space, Time, and Spacetime, xii + 423 pp., 57 illus., University of California Press, Berkeley, 1974.

20. "The Evolution of the Problem of the Unity of Science," Boston Studies in the Philosophy of Science, Vol. XI, R. Cohen and R. Seeger, eds., "AAAS Symposia on Philosophy of Science - 1969," Reidel, Dordrecht, 1974, pp. 153-163.

21. "Incongruous Counterparts, Intrinsic Features and the Substantiviality of Space," Journal of Philosophy, Vol. LXXI, No. 9 (May 16, 1974) pp. 277-290.

22. Review of D. H. Mellor, The Matter of Chance, in Journal of Philosophy, Vol. LXXI, No. 13, (July 18, 1974) pp. 418-423.

1975

23. "Methodological Conservatism," Philosophical Review, Vol. LXXXIV,

No. 3 (July 1975) pp. 374-400.

1976

24. "Thermodynamics, Statistical Mechanics and the Complexity of Reductions," Boston Studies in the Philosophy of Science, Vol. XXXII, R. Cohen, C. Hooker, A. Michalos and J. van Evra, eds. , "PSA 1974," Reidel, Dordrecht, 1976, pp. 15-32.

25. "Inertia, Gravitation and Metaphysics," Philosophy of Science, Vol. 43, No. 1 (March 1976) pp. 1-23.

26. (with M. Kaplan) "Rationality and Truth," Philosophical Studies, Vol. 30, No. 3 (September 1976) pp. 197-202.

1977

27. Space, Time, and Spacetime. Paperback edition of item 19 above. With revisions and a new preface for the paperback edition.

28. "Facts, Conventions, and Assumptions in the Theory of Space-Time," in J. Earman, C. Glymour and J. Stachel, eds. , Minnesota Studies in the Philosophy of Science, Vol. VIII, Foundations of Space-Time Theories, Minneapolis, University of Minnesota Press (1977) pp. 206-274.

29. "What Might Be Right about the Causal Theory of Time," Synthese, Vol. 35, No. 2 (June 1977) pp. 155-171.

30. Review of M. Jammer, The Philosophy of Quantum Mechanics, in Philosophy of Science, Vol. 44, No. 2 (June 1977) p. 332.

31. Review of A. Grünbaum, Philosophical Problems of Space and Time, 2nd enlarged edition, in Journal of Philosophy, Vol. LXXIV, No. 8 (August 1977) pp. 494-500.

1978

32. Review ofI. Hinckfuss, The Existence of Space and Time, in Philosophical

Review, Vol. XXXVII, No. 1 (January 1978) pp. 123-126.

1979

33. "Probability as a Theoretical Concept," Synthese, Vol. 40 (1979) pp. 409-414.

34. Reprinting of Item29 in W. Salmon, ed. Hans Reichenbach: Logical Empiricist, Reidel, Dordrecht (1979) pp. 367-384.

35. Review of J. Lucas, A Treatise on Time and Space, in Mathematical Reviews, Vol. 58 (November 1979) p. 83, Item No. 25730.

1980

36. "Semantic Analogy," Philosophical Studies, Vol. 38, No. 3 (October 1980) pp. 217-234.

37. Review of R. Causey, Unity of Science, in Philosophy of Science, Vol. 47, No. 4 (December 1980) pp. 656-657.

1981

38. "Up and Down, Left and Right, Past and Future," Nous Vol. XV, No. 2 (May 1981) pp. 111-129.

39. "Do Unborn Hypotheses Have Rights?" Pacific Philosophical Quarterly, Vol. 62, No. 1 (January 1981) pp. 17-29.

40. "Time, Reality, and Relativity," in R. Healy, ed., Reduction, Time and Reality, Cambridge University Press, Cambridge (1981) pp. 129-142.

41. Review of T. Seidenfeld, Philosophical Problems of Statistical Inference, Philosophical Review, Vol. XC, No. 2 (April 1981) pp. 295-298.

42. Review of S. Amsterdamski, Between Experience and Metaphysics, Nous, Vol. XV, No. 3 (September 1981) pp. 429-432.

43. Review of D. Turner and R. Hazelett, eds. , The Einstein Myth and the Ives Papers, Journal of the American Chemical Society, Vol. 103, No. 12 (1981) p. 3618.

44. Review of J. Derrida, Edmund Husserl's Origin of Geometry: An Introduction, Mathematical Review, Vol. 81, Issue a (January 1981) pp. 4-5, Item No. 00018.

45. Review of W. Stegmuller, The Structuralist View of Theories, Mathematical Reviews, Vol. 81, Issue i (September 1981) p. 3388, Item No. 00018.

1982

46. "Saving the Noumena," Philosophical Topics, Vol. 13 No. 1 (Spring 1982) pp. 89-110.

47. "Comments on Earman and Malament," PSA 1978, Vol. 2, Philosophy of Science Association, East Lansing, pp. 186-193.

48. Review of R. Torretti, Philosophy of Geometry from Riemann to Poincare, Review of Metaphysics, Vol. XXXV, No. 3 (March 1982) pp. 633-634.

49. Review of H. Woolf, ed. , Some Strangeness in the Proportion, Mathematical Reviews, Vol. 82, Issue d (April 1982) pp. 1737-1739, Item No. 83002.

50. Review of H. Mehlberg, Time Causality and the Quantum Theory, Mathematical Reviews, Vol. 82, Issue f (June 1982) pp. 2696-2697, Item Nos. 81006a, b.

51. Review of G. Whitrow, The Natural Philosophy of Time, Mathematical Reviews, Vol. 82, Issue c (March 1982) pp. 925-926, Item no. 00017.

52. Review of F. de Finis and M. Pantaleo, eds. , Relativity, Quanta, and Cosmology in the Development of the Scientific Thought of Albert Einstein, Mathematical Reviews, Vol. 82, Issue b (February 1982) pp. 869-870, Item no. 3002.

53. Review of W. Newton-Smith, The Structure of Time, International Studies in Philosophy, Vol. XIV, No. 2, pp. 110-112.

1983

54. "Prospects for a Causal Theory of Spacetime," in R. Swinburne ed., Space, Time, and Causality, Reidel, Dordrecht (1983) pp. 45-62.

55. "Entropy and Explanation," inN. Rescher ed., Scientific Explanation and Understanding, University Press of America-CPS Publications, Lenham, MD, (1983) pp. 21-36.

56. Review of J. Buroker, Space and Incongruence, Nous, Vol. 17, No. 2, (May, 1983), pp. 321-323.

1984

57. "Perceived Worlds, Inferred Worlds, the World," Journal of Philosophy, Vol. LXXXI, No. 11, (November, 1984), pp. 693-706.

58. Review of M. Stafleu, Time and Again, Mathematical Reviews, Vol. 84, issue b (February 1984), p. 439, Item No. 00030.

59. Review of B. Gal-Or, Cosmology, Physics and Philosophy, Mathematical Reviews, Vol. 84, Issue b (February 1984), pp. 820-821, Item No. 85009.

60. Review of R. Angel, Relativity: The Theory and Its Philosophy, Mathematical Reviews, Vol. 84, Issue f, (June 1984), p. 2460, Item No. 83001.

61. Review of K. Denbigh, Three Concepts of Time, Mathematical Reviews, Vol. 84, Issue b, (February 1984), p. 328, Item No. 0025.

62. Review of R. Schlegel, Superposition and Interaction, Mathematical Reviews, Vol. 84, Issue a, (January 1984), pp. 4-5, Item No. 00024.

63. Review of E. Eells, Rational Decision and Causality, Mathematical Reviews, Vol. 84, Issue j, (October 1984), pp. 3948-3949, Item No. 03050.

1985

64. Philosophy and Spacetime Physics, x + 335 pp., University of California

Press, Berkeley, 1985.

65. "Modestly Radical Empiricism," in P. Achinstein and O. Hannaway, eds. , Observation, Experiment, and Hypothesis in Modern Physical Science, MIT Press, Cambridge, 1985, pp. 1-20.

1986–1987

66. "Comments on H. Field's 'Can We Dispense with Space-Time?'," PSA-1984, Vol. 2, Philosophy of Science Association, East Lansing, 1986, pp. 101-105.

67. "Comments on D. Malament's 'Time Travel in the Godel Universe'," PSA-1984, Philosophy of Science Association, East Lansing, 1986, pp. 106-110.

68. Review of J. Aronson, A Realist Philosophy of Science, Philosophical Review, Vol. XCV, No. 3, July 1986, pp. 444-446.

69. Review of P. Landsberg, ed. , The Enigma of Time, Mathematical Reviews, Vol. 86, Issue g (July 1986), p. 3283, Item No. 83002.

70. Review of A. van der Merwe, ed. , Old and New Questions in Physics, Philosophy and Theoretical Biology, Mathematical Reviews, Vol. 86, Issue d (April 1986), pp. 1725-1726, Item No. 81002.

71. Review of D. H. Mellor, Real Time, International Studies in Philosophy, Vol. XVIII, No. 3, March 1986, pp. 69-70.

72. Review of J. T. Fraser, The Genesis and Evolution of Time: A Critique of Interpretation in Physics, International Studies in Philosophy, Vol. XVIII, No. 3, March 1986, pp. 61-62.

73. Philosophy and Spacetime Physics. Paperback edition of item 64 above.

74. "The Elusive Object of Desire: In Pursuit of the Kinetic Equations and the Second Law," in A. Fine and P. Machamer, eds. , PSA-1986, Vol. 2, Philosophy of Science Association, East Lansing, MI, 1987, pp. 209-225.

75. Review of K. Denbigh and J. Denbigh, Entropy in Relation to Incomplete Knowledge, in Canadian Philosophical Reviews, Vol. VII, No. 2, February 1987,

pp. 54-55.

76. Review of G. Colodny, ed., From Quarks to Quasars, Philosophical Problems of Modern Physics, Mathematical Reviews, Vol. 87, Issue j (October 1987) p. 5950, Item No. 81009.

1988

77. Review of M. Friedman, Foundations of Space-Time Theories, Journal of Philosophy, Vol. LXXXV, No. 3, March, 1988, pp. 158-164.

78. Review of M. Friedman, Foundations of Space-Time Theories, Mathematical Reviews, Vol. 88, Issue c (March 1988), p. 1609, Item No. 83001.

79. Review of E. Squires, The Mystery of the Quantum World, Mathematical Reviews, Vol. 88, Issue i (September 1988), pp. 4930-4931, Item No 81003.

80. Review of D. Gribanov, Albert Einstein's Philosophical Views and the Theory of Relativity, Mathematical Reviews, Vol. 88, Issue k (November 1988), p. 5622, Item No. 01033.

1989

81. "Ultimate Explanations: Comments on Tipler," in A. Fine and J. Leplin, eds., PSA - 1988, Philosophy of Science Association, East Lansing, MI, 1989, pp. 49 -55.

82. Review of P. Kroes, Time: Its Structureand Role in Physical Theories, International Studies in Philosophy, Vol. XXI, No. 1, January, 1989, pp. 97 - 99.

83. Review of P. Janich, Protophysics of Time, International Studies in Philosophy, Vol. XXI, No. 3, July, 1989, pp. 121-122.

84. Review of F. Brentano, Philosophical Investigations of Space, Time and the Continuum, Mathematical Reviews, Vol. 89, Issue e (May, 1989), p. 2434, Item No. 01051.

85. Review of M. Heller, Questions to the Universe, Mathematical Reviews,

Vol. 89, Issue (May, 1989), p. 2901, Item No. 83001.

86. Review of D. Greenberger, New Techniques and Ideas in Quantum Measurement Theory, Mathematical Reviews, Vol. 90, Issue m (December, 1989), pp. 7067-7069, Item No. 81005.

87. Review of R. Flood and M. Lockwood, eds., The Nature of Time, Mathematical Reviews, Vol. 89, Issue m (December, 1989), p. 7113, Item No. 83002.

1990

88. "Foundational Physics and Empiricist Critique," in C. Wade Savage, (ed.), Scientific Theories, Minnesota Studies in the Philosophy of Science, Vol. XIV, University of Minnesota Press, Minneapolis, 1990, pp. 136-157.

89. "Invidious Contrasts within Theories," in G. Boolos, ed., Meaning and Method: Essays in Honor of Hilary Putnam, Cambridge University Press, Cambridge, 1990, pp. 197-212.

90. "Real Quantities and Their Sensible Measures," in P. Bricker and R. Hughes, eds., Philosophical Perspectives on Newtonian Science, MIT Press, Cambridge, MA, 1990, pp. 57-75.

91. Reprinting of item21 in J. van Cleve and R. Fredericks, eds., The Philosophy of Left and Right, Kluver, Dordrecht, 1990, pp. 173-186.

92. Reprinting of item40 in P. Yourgrau, ed., Demonstratives, Oxford University Press, Oxford, 1990, pp. 247-260.

93. Review of A. Loizou, The Reality of Time, International Studies in Philosophy, Vol. XXII, No. 3, pp. 127-128.

94. Review of A. Grunbaum and W. Salmon, eds., The Limits of Deductivism, of P. Humphreys, The Chances of Explanation and of J. Trefil, Reading of the Mind of God, (joint review), American Scientist, Vol. 78, July-August 1990, pp. 387-388.

95. Review ofN. Swartz, The Concept of Physical Law, Journal of Philosophy,

Vol. IXXXVII, No. 8, August, 1990, pp. 432-435.

96. Review of D. Mook and T. Vargish, Inside Relativity, Mathematical Reviews, Vol. 90, Issue f, (June 1990), pp. 3668-3669, Item No. 83001.

97. Review of H. Mortimer, The Logic of Induction, Mathematical Reviews, Vol. 90, Issue a, (January 1990), p. 35, Item No. 03022.

98. Review of B. d'Espagnat, Reality and the Physicist, Mathematical Reviews, Vol. 90, Issue c, (March 1990), pp. 1344-1345.

99. Review of J. Earman, World Enough and Space-Time, Mathematical Reviews, Vol. 90, Issue k, (November, 1990), pp. 6758-6759, item No. 83001.

100. Review of J. Vickers, Chance and Structure, Mathematical Reviews, Vol. 90, Issue g, (July 1990), pp. 3763-3764, Item No. 03022.

1991

101. "The Conventionality of Simultaneity! Again?" in Physical Interpretations of Relativity Theory: Proceedings, Sunderland Polytechnic, Sunderland, 1991, pp. 523-537.

102. "How Free Are Initial Conditions?" in A. Fine, M. Forbes and L. Wessels, eds., PSA - 1990, Philosophy of Science Association, East Lansing, MI, 1991, pp. 551-564.

103. "Quantum Physics," in H. Burkhardt and B. Smith, eds., Handbook of Metaphysics and Ontology, Philosophia, Munich, 1991, Vol. 2, pp. 747-749.

104. "Spacetime," in H. Burkhardt and B. Smith, eds., Handbook of Metaphysics and Ontology, Philosophia, Munich, 1991, Vol. 2, pp. 850-852.

105. Review of P. Sibelius, Natural Contradictions and the Concept of Action in Mechanics, Mathematical Reviews, Vol. 91, issue b (February 1991), pp. 1122-1123, Item No. 81013.

106. Review of R. Penrose, The Emperor's New Mind, Mathematical Reviews, Vol. 91, Issue c (March 1991), pp. 1259-1260, Item No. 00010.

107. Review of D. Bohm, The Special Theory of Relativity, Mathematical

Reviews, Vol. 91, issue e (May 1991), p. 2902, Item No. 83006.

108. Review of J. Lucas and P. Hodgson, Spacetime and Electromagnetism, Mathematical Reviews, Vol. 91, Issue m (December 1991), pp. 6961-6962, Item No. 83004.

109. Review of D. Pearce, Roads to Commensurability, Journal of Symbolic Logic, Vol. 56, No. 1 (March 1991), pp. 355-356.

1992

110. Philosophy of Physics, xi + 246 pp., 31 illus., Westview Press, Boulder CO (hardback and paperback editions) and Oxford University Press, Oxford, Dimensions of Philosophy series, 1992. (Chosen asselection by The Library of Science.)

111. Review of R. Torretti, Creative Understanding, Mathematical Reviews, Vol. 92, Issue b (February 1992), pp. 581-582, Item No. 00012.

112. Review of E. Squires, Conscious Mind in the Physical World, Mathematical Reviews, Vol. 92, Issue b (February 1992), p. 581, Item No. 00011.

113. Review of A. Leff and A. Rex, Maxwell's Demon: Entropy, Information and Computing, Mathematical Reviews, Vol. 92, Issue h (August 1992), pp. 4621-4622, Item No. 82003.

114. Review of P. Yorgrau, The Disappearance of Time, Mathematical Reviews, Vol. 92, Issue j (October 1992), p. 5318, Item No. 00020.

115. Review of S. Saunders and H. Brown, The Philosophy of Vacuum, Mathematical Reviews, Vol. 92, Issue i (September 1992) pp. 5193-5194, Item No. 81007.

116. Review of D. Ruell, Change and Chaos, Mathematical Reviews, Vol. 92, Issue j (October 1992), p. 5319, Item No. 00025.

117. Review of D. Home and M. Whittaker, Ensemble Interpretations of Quantum Mechanics: A Modern Perspective, Mathematical Reviews, Vol. 92, Issue m (December 1992), p. 7137, item 81013.

118. Review of H. Krips, The Metaphysics of Quantum Theory, Mathematical Reviews, Vol. 92, Issue m (December 1992), pp. 7137-7138, Item No. 81014.

1993

119. Physics and Chance: Philosophical Issues in the Foundations of Statistical Mechanics, xiii + 437 pp., 26 illus., Cambridge University Press, Cambridge, 1993.

120. Reprinting of item38 in R. Le Poidevin and M. MacBeath, The Philosophy of Time, Oxford University Press, Oxford, 1993, pp. 99-116.

121. Review of C. Ray, Time, Space and Philosophy, Isis, Vol. 84 No. 1, March, 1993, p. 189.

122. Review of R. Koons, Paradoxes of Belief and Strategic Rationality, Mathematical Reviews, Vol. 93, Issue d, (April 1993), p. 1765, Item No. 03029.

1994

123. Filosofía de la física, Spanish translation of item 109, Alianza Editorial, Madrid, 1994, p. 349.

124. "Idealization and Explanation: A Case Study from Statistical Mechanics," in P. French, T. Uehling and H. Wettstein, eds., Midwest Studies in Philosophy, Vol. XVIII, "Philosophy of Science," University of Notre Dame Press, South Bend IN, 1994, pp. 258-270.

125. "Determinism," in J. Kim and E. Sosa, eds., A Companion to Metaphysics, Blackwell, Oxford, 1994, pp. 116-118.

126. "Space and Time," in J. Kim and E. Sosa, eds., A Companion to Metaphysics, Blackwell, Oxford, 1994, pp. 465-470.

127. Review of J. von Plato, Creating Modern Probability: Its Mathematics, Physics and Philosophy in Historical Persepctive, Journal of Philosophy, Vol. XCI, No. 11, November 1994, pp. 622-626.

128. Review of T. Maudlin, Quantum Non-Locality and Relativity, British Journal for the Philosophy of Science, Vol. 45, No. 3, September, 1994, pp. 933-934.

129. Review of A. Shimony, Search for a Naturalistic World View, Mathematical Reviews, Vol. 94, Issue d, (April 1994), Item Nos. 01098 and 01099.

130. Review of T. Brody, The Philosophy Behind Physics, Mathematical Reviews, Vol. 94, Issue j, (October 1994), Item No. 81008.

131. Review ofI. Ekeland, The Broken Dice, and Other Mathematical Tales of Chance, Mathematical Reviews, Vol. 94, Issue i, (September 1994), Item No. 00003.

132. Review of J. Dupre, The Disorder of Things, The Review of Metaphysics, Vol. XLVIII, No. 2, Issue 190, December 1994, pp. 400-401.

1995

133. Paperback edition of Physics and Chance (Item 118), Cambridge University Press, Cambridge, 1995. (Chosen as selection by the Library of Science.)

134. "Time in Experience and in Theoretical Description of the World," in S. Savitt, ed., Time's Arrow Today, Cambridge University Press, Cambridge, 1995, pp. 217-229.

135. Reprinting of item74 in S. Savitt, ed., Time's Arrow Today, Cambridge University Press, Cambridge, 1995, pp. 191-216.

136. "Author's Response," [Response to Ideal Times (Review of Physics and Chance) by P. Hart], Metascience, New Series, Issue 7, 1995, pp. 90-93.

137. "Philosophy of Science," in R. Audi, ed., Cambridge Dictionaryof Philosophy, Cambridge University Press, Cambridge, 1995, pp. 611-615.

138. Entries in T. Honderich, ed., Oxford Companion to Philosophy, Oxford University Press, Oxford, 1995. "Action-at-a-Distance," p. 5; "Ludwig Boltzmann," p. 98; "Stochastic Process," p. 852.

139. Review of D. Oliver, The Shaggy Steed of Physics: Mathematical Beauty in the Physical World, Mathematical Reviews, Vol. 95, Issue d, (April 1995), Item No. 00013.

140. Review of L. Brown and J. Rigden, eds., "Most of the Good Stuff": Memories of Richard Feynman, Mathematical Reviews, Vol. 95, Issue i, (September 1995), Item No. 01023.

141. Review of G. Nerlich, What Spacetime Explains, Mathematical Reviews, Vol. 95, Issue j, (October 1995), Item No. 83002.

142. Review of J. Azzouni, Metaphysical Myths, Mathematical Practice, Mathematical Reviews, Vol. 95, Issue d, (April 1995), Item No. 00002.

143. Review of M. Gell-Mann, The Quark and the Jaguar: Adventuresin the Simple and the Complex, Mathematical Reviews, Vol. 95, Issue d, (April 1995), Item No. 00010.

144. Review of P. Masani, The Scientific Methodology in the Lightof Cybrenetics, Mathematical Reviews, Vol. 95, Issue e, (May 1995), Item No. 00025.

145. Review of G. Nerlich, The Shape of Space, 2nd. edition, Mathematical Reviews, Vol. 95, Issue k, (November 1995), Item No. 00011.

146. Review of E. Squires, The Mystery of the Quantum World, 2nd. edition, Mathematical Reviews, Vol. 95, Issue j, (October 1995), Item No. 81004.

147. Review ofI. Hacking, The Taming of Chance, Iride, Vol. VIII, No. 15, May-August, 1996, pp. 491-494 (in Italian).

1996

148. "Time, Direction of," in D. Borchert, ed., The Encyclopedia of Philosophy Supplement, Macmillan Reference, New York, 1996, pp. 568-569.

149. Reprinting of item46 in D. Papineau, ed., The Philosophy of Science, Oxford University Press, Oxford, 1996, pp. 61-81.

150. Review of J. Changeux and A. Connes, Conversations on Mind, Matter and Mathematics, Mathematical Reviews, Vol. 96, Issue a, (January 1996),

Item No. 00006.

151. Review of C. Rickart, Structuralism and Structures: A Mathematical Perspective, Mathematical Reviews, Vol. 96, Issue a, (January 1996), Item No. 00009.

152. Review of P. Teller, An Interpretive Introduction to Quantum Field Theory, Foundations of Physics, Vol. 26, No. 3, 1996, pp. 423-426.

153. Review of D. Bohm and B. Hiley, The Undivided Universe, Mathematical Reviews, Vol. 96, Issue i, (September 1996), Item No. 81008.

154. Review of D. Albert, Quantum Mechanics and Experience, Philosophy and Phenomenological Research, Vol. LVI, No. 4, December, 1996, pp. 973-975.

155. Review of J. Blackmore, Ludwig Boltzmann: His Later Life and Philosophy, 1900 - 1906. Book One: A Documentary History. Book Two: The Philosopher, British Journal for the Philosophy of Science, Vol. 47, 1996, pp. 630-632.

156. Review of Z. Bechler, Newton's Physics and the Conceptual Structures of the Scientific Revolution, Physis, Vol. 33, Fasc. 1-3, pp. 372-376.

1997

157. "The Orderly World of Chances," Oxymoron, Vol. 1, 1997, pp. 46-52.

158. Review of R. Clifton, ed., Perspectives on Quantum Reality, Mathematical Reviews, Vol. 97, Issue c (March, 1997), Item No. 81007.

159. Review of P. Wallace, Paradox Lost: Images of the Quantum, Mathematical Reviews, Vol. 97, Issue b (February, 1997), Item No. 00010.

160. Review of Q. Smith, Language and Time, International Studies in Philosophy, Vol. XXIX, No. 2, 1997, pp. 143-144.

161. Review of S. Kellert, In the Wake of Chaos: Unpredictable Order in Dynamical Systems, Philosophy of Science, Vol. 64, No. 1, March, 1997, pp. 184-185.

162. Review of P. Grigolini, Quantum Mechanical Irreversibility and Measurement, Mathematical Reviews, Vol. 97, Issue h (August 1997), Item No. 81025.

1998

163. "The Language of Nature is Mathematics - But Which Mathematics? And What Nature?," Proceedings of the Aristotelian Society, new series, volume CXVIII, Blackwell Publishers, Oxford, 1998, Item No. XII, pp. 241-261.

164. "Thermodynamics," in E. Craig, ed. , The Routledge Encyclopedia of Philosophy, Routlege, London, 1998, Vol. 9, pp. 366-369.

165. "Time," in E. Craig, ed. , The Routledge Encyclopedia of Philosophy, Routledge, London, 1998, Vol. 9, pp. 413-417.

166. Review ofI. Stein, The Concept of Object as the Foundation of Physics, Mathematical Reviews, volume 98, issue c (March, 1998), Item No. 00007.

167. Review of P. Suppes and M. Zanotti, Foundations of Probabilitywith Applications, Mathematical Reviews, Vol. 98, Issue c (March, 1998), Item No. 01051.

1999

168. "The Content of Science, the Methodology of Science and Hempel's Models of Explanation and Confirmation," Philosophical Studies, Vol. 94, Nos. 1-2, May, 1999, pp. 21-34.

169. "The Reduction of Thermodynamics to Statistical Mechanics," Philosophical Studies, Vol. 95, Nos. 1-2, August, 1999, pp. 187-202.

170. Review of J. Cushing, Philosophical Concepts in Physics, Studies in History and Philosophy of Modern Physics, Vol. 30B, No. 2, May, 1999, pp. 283-285.

171. Review of I. Novikov, The River of Time, Mathematical Reviews, Vol. 99, Issue i (September, 1999), Item No. 83001.

172. Review of E. Klein and M. Lachièze-Rey, The Quest for Unity: The Adventure of Physics, Mathematical Reviews, Vol. 99, Issue k (November, 1999), Item No. 81002.

173. Review of M. Steiner, The Applicability of Mathematics as a Philosophical Problem, Mathematical Reviews, Vol. 99, Issue m (December 1999), Item No. 00009.

174. Review of J. Faye, U. Scheffler and M. Urchs, eds., Perspectives on Time, The Review of Metaphysics, Vol. LIII, No. 2, Issue 210, December, 1999, pp. 443-444.

2000

175. Theory and Truth: Philosophical Critique within Foundational Science, x + 153 pp., Oxford University Press, Oxford, 2000.

176. The Philosophy of Science: A Collection of Essays, Vol. 1, Explanation, Law and Cause, edited with editor's introduction, Garland Publishing, Hamden, CT, 2000, xi + 386 pp.

177. The Philosophy of Science: A Collection of Essays, Vol. 2, The Nature of Scientific Theory, edited with editor's introduction, Garland Publishing, Hamden, CT, 2000, x + 378 pp.

178. The Philosophy of Science: A Collection of Essays, Vol. 3, Theory Reduction and Theory Change, edited with editor's introduction, Garland Publishing, Hamden, CT, 2000, x + 328 pp.

179. The Philosophy of Science: A Collection of Essays, Vol. 4, Probability and Confirmation, edited with editor's introduction, Garland Publishing, Hamden, CT, 2000, x + 384 pp.

180. The Philosophy of Science: A Collection of Essays, Vol. 5, Bayesian and Non-Inductive Methods, edited with editor's introduction, Garland Publishing, Hamden, Ct, 2000, x + 316 pp.

181. The Philosophy of Science: A Collection of Essays, Vol. 6, The

Philosophy of Physics, edited with editor's introduction, Garland Publishing, Hamden, CT, 2000, xi + 422 pp.

182. "Topology Versus Measure in Statistical Mechanics," The Monist, Vol. 83, N. 2, April, 2000, pp. 258-273.

183. "Interpreting Theories: The Case of Statistical Mechanics," The British Journal for the Philosophy of Science, Vol. 51, Special Supplement, 2000, pp. 729-742.

184. Reprinting of item101 in M. Duffy and M. Wegener, eds., Recent Advances in Relativity Theory, Hadronic Press, Florida 34682, 2000, pp. 206-216.

185. Reprinting of items 2, 19, 29, 38, 46, 74 in volumes of Philosophy of Science: Collected Papers cited above.

186. "Convention, Role of," in W. Newton-Smith, ed., A Companion to the Philosophy of Science, Blackwell, Malden, MA, 2000, 56-64.

187. "Space, Time and Relativity," in W. Newton-Smith, ed., A Companion to the Philosophy of Science, Blackwell, Malden, MA., 2000, 461-469.

188. Condensed versions of items 163 and 164, in Concise Routledge Encyclopedia of Philosophy, Routledge, London, 2000, pp. 887, 892-893.

189. Review of A. Aczel, God's Equation: Einstein, Relativity, and the Expanding Universe, Mathematical Reviews, Vol. 00, Issue h (August, 2000), Item No. 83001.

190. Review of M. Beller, Quantum Dialogue: The Making of a Revolution, Mathematical Reviews, Vol. 00, Issue i (September, 2000), Item No. 81001.

191. Review of J. Barbour, The End of Time, Mathematical Reviews, Vol. 00, Issue m, Item No. 83001.

2001

192. "Naturalism and the Interpretation of Theories," "Presidential Address,

Central Division, American Philosophical Association, Proceeding and Addresses of the American Philosophical Association, Vol. 75, Issue 2, November, 2001, 43-58.

193. "What is an Isolated System?" in The Proceedings of the Twentieth World Congress of Philosophy, Vol. 10, Philosophy of Science, T. Y. Cao, ed., Philosophy Documentation Center, Bowling Green OH, 2001, pp. 51-57.

194. "Philosophy of Statistical Mechanics," Stanford Encyclopedia of Philosophy, on-line publication, http://plato.stanford.edu, 23pp.

195. Review of P. Smith, Explaining Chaos, Philosophical Review, Vol. 110, No. 2, April, 2001, pp. 289-290.

196. Review of G. Johnson, Strange Beauty: Murray Gell-Mann and the Revolution in Twntieth-Century Physics, Mathematical Reviews, Vol. 2001, Issue c, Item No. 01029.

197. Review of R. Torretti, Philosophy of Physics, Foundations of Physics, Vol. 31, No. 5, May, 2001, pp. 867-868.

2002

198. Paperback edition of Theory and Truth (Item No. 174), Oxford University Press, Oxford, 2002.

199. "Physics, Metaphysics, and Method inNewton's Dynamics," in R. Gale, ed., The Blackwell Guide to Metaphysics, Blackwell, Oxford, 2002, pp. 1-18.

200. Review of J. Barbour, The Discovery of Dynamics, Foundations of Physics, Vol. 32, No. 8, August, 2002, pp. 1325-1326.

2003

201. "Dappled Theories in a Uniform World," Philosophy of Science, Vol. 70, No. 2, April 2003, pp. 424-441.

202. Reprinting of item182 in P. Clark and K. Hawley, (eds.), Philosophy of Science Today, Oxford University Press, Oxford, 2003, pp. 276-289.

203. Review of P. Yourgrau, Gödel Meets Einstein: Time Travel in the Gödel Universe, Mathematical Reviews, Vol. 3, Issue b (February 2003), Item No. 00010.

204. Review of G. Emch and C. Liu, The Logic of Thermo-Statistical Physics, Metascience, Vol. 12, No. 1, March 2003, pp. 59-62.

205. Review of A. Reynolds, Peirce's Scientific Metaphysics, Mathematical Reviews, Vol. 3, Issue e (May 2003), Item No. 01002, MR1903114.

2004

206. "Barbour's Relationist Metric of Time," Chronos, Vol. V (2003-2004), pp. 64-76.

207. "Spacetime and Conventionalism," Philosophy of Science, Vol. 71, No. 5, December, 2004, Proceedings of the 2002 Biennnial Meetining of the Philosophy of Science Association, Part II, Symposia Papers, ed. By S. Mitchell, pp. 950-959.

208. Review of H. Stapp, Mind, Matter and Quantum Mechanics, in Mathematical Reviews, On-line, Item No. 2141553.

2006

209. "Why Does the Standard Measure Work in Statistical Mechanics?" in V. Hendricks, K. Jϕrgensen, J. Lützen and S. Pedersen, eds., Interactions: Mathematics, Physics and Philosophy, 1860-1930, Springer, Dordrecht, 2006, pp. 307-319.

210. "Ludwig Boltzmann," in D. Borchert, ed., The Encyclopedia of Philosophy, 2nd. Edition, Thomson-Gale, Farmington Hills, MI, 2006, Vol. 1, pp. 643-645.

211. "Josiah Gibbs," in The Encyclopedia of Philosophy, 2nd. Edition,

Vol. 4, pp. 86-87.

212. " Philosophy of Statistical Mechanics," in The Encyclopedia of Philosophy, 2nd. Edition, Vol. 7, pp. 537-543.

213. " Physics and the Direction of Time," in The Encyclopedia of Philosophy, 2nd. Edition, Vol. 7, pp. 563-567.

2008

214. Reprinting of item38 in N. Oaklander, ed. , The Philosophy of Time, Vol. IV, Time and Physics.

215. Reprinting of item40 in N. Oaklander, op. cit. 2009.

216. "Causation in Statistical Mechanics," in H. Beebee, C. Hitchcock and P. Menzies, eds. , The Oxford Handbook of Causation, Oxford, Oxford University Press, 2009, pp. 661-672.

2010

217. "Physics and Philosophy," in J. Ferret, ed. , Philosophy of Physics: 5 + 1 Questions, Automatic Press, 2010, pp. 145-152.

218. " I'd Love to Be a Naturalist—If Only I Knew What Naturalism Was," in A. Richardson, ed. , PSA 08, Part II Symposia Papers, Philosophy of Science, Vol. 77, No. 5, 2010, pp. 1121-1137.

2011

219. " Time in Classical Dynamics," in C. Callender, ed. , The Oxford Handbook off the Philosophy of Time, Oxford University Press, Oxford, 2011, pp. 571-576.

220. Review of D. Rickles, Symmetry, Structure and Spacetime, Mathematical Reviews, February, 2011, 2011b: 81076, Item No. 2554152.

2013

221. Philosophy and the Foundations of Dynamics, Cambridge University Press, 2013, ix + 272 pp.

Published: Exact Location and/or Date Unknown

"The Evidential Value of Statistical Inference," published in the proceedings of a workshop on scientific evidence in the courtroom.

Forthcoming

Physical Theory: Method and Interpretation, forthcoming from Oxford University Press, (at the press).

"Introduction," in the above.

"Statistical Mechanics in Physical Theory," in the above.

Theories and Their Interpretations, (title tentative), (planning stages).

Philosophy of Science, in writing, tentatively planned for Westview Dimensions of Philosophy series.

Collected Papers, forthcoming from Cambridge University Press, (planning stages).

Chinese translation of Theory and Truth

Portugese translation of Philosophy of Physics

Greek translation of Philosophy of Physics

Italian translation of Space, Time and Spacetime, with new introductory material, Piovane Editore

"How Theories Work," forthcoming in Festchrift for Jaegwon Kim.

"Time," revision of item 164, forthcoming in second edition of Rutledge Concise Encyclopedia of Philosophy

Reprinting of item 38 forthcoming in Vincenzo Fano, Tempo fisico ed esperienza, Cooperative Libraria Universitaria, Bologna

Talks and Addresses

American Philosophical Association:

Commentator, Western Division, 1970

Chairman of Symposium, Eastern Division, 1975

Commentator, Western Division, 1977

Lead Symposiast, Western Division, 1978

Invited Speaker, Pacific Division, 1980

Chairman of Symposium, Western Division, 1981

Chairman of Symposium, Western Division, 1982

Lead Symposiast, Eastern Division, 1984

Commentator, Pacific Division, 1984

Invited Speaker, Eastern Division, 1987

Invited Speaker-Symposiast, Pacific Division, 1990

Chairman of Symposium, Eastern Division, 1994

Invited Symposiast, Pacific Division, 1994

Chairman of Symposium, Eastern Division, 1995

Invited Speaker, Central Division, 1997

Invited Speaker, Pacific Division, 1997

Symposiast-Commentator, Eastern Division, 1998

Invited Speaker, Pacific Division, 1998

Introduction to Presidential Address, Central Division, 2000

Presidential Address, Central Division, 2001

Commentator, Pacific Division, 2001

Invited Speaker, Eastern Division, 2001

Invited Speaker, Pacific Division, 2003

Invited Speaker, Pacific Division, 2004

Invited Speaker, Central Division, 2004

Invited Speaker, Pacific Division, 2006

Chairman of Symposium, Pacific Division, 2008

Chairman of Symposium, Pacific Division, 2009

Philosophy of Science Association:

Symposiast, 1974

Chairman of Symposium, 1976

Symposiast-Commentator, 1978

Chairman of Symposium, 1980

Symposiast-Commentator, 1984

Lead Symposiast, 1986

Symposiast-Commentator, 1988

Invited Speaker-Symposiast, 1990

Chairman of Symposium, 1996

Chairman of Symposium, 1998

Invited Speaker, 2002

Chairman of Symposium, 2004

Chairman of Symposium, 2006

Presidential Address, 2008

Other

Symposiast, University of North Carolina Philosophy and Physics Colloquium, 1969

Symposiast-Commentator, Minnesota Conference on Philosophy of Physics, 1974

Commentator, Oberlin Colloquium in Philosophy, 1977

Invited Lecturer, Mount Holyoke College, 1977

Invited Speaker, Thyssen Symposium in Philosophy, Barnstaple, England, 1979

Invited Speaker, Pittsburgh Colloquium in the Philosophy of Science, 1979

Symposiast, Royal Institute of Philosophy, Keele, England, 1981

Symposiast, Pittsburgh History and Philosophy of Science Program Workshop, 1983

Lecturer, School of Public Health, University of Michigan, 1984, 1988

Lecturer, National Endowment for the Humanities Institute in the Philosophy of Science, University of Minnesota, 1986

Invited Speaker, Newton Tercentenary Conference, Yale University, 1987

Invited Symposiast, American Association for the Advancement of Science, 1969, 1988.

Invited Speaker, Gibbs Sesquicentennial Program, University of Maryland, 1989

Moderator, Symposium on Non-Linear Dynamics, University of Michigan, 1990

Invited Speaker, Conference on Physical Interpretations of Relativity Theory London, 1990

Invited Scientific Contributor, Workshop on Scientific Validity in the Courts, Washington, DC, 1991

Invited Speaker, Workshop on Kant and Contemporary Epistemology, Florence, 1992

Invited Speaker, Conference on "Time's Arrow Today," University of British Columbia, Vancouver, 1992

Invited Commentator, Third International Symposium on the History of Particle Physics: The Rise of the Standard Model, Palo Alto, 1992

Invited Speaker, North Carolina Philosophy Colloquium, 1992

Collegiate Professorship Inaugural Lecture, University of Michigan, 1995

Lakatos Award Lecture, London School of Economics and Political Science, London, 1996

Invited Speaker, Oxford University Conference on Relativity, 1996

Invited Speaker, Cambridge University Conference on Philosophy of Physics, 1996

Invited Speaker, LSE/King's College Faculty-Graduate Student Seminar, London, 1996

Invited Speaker, Philosophy of Physics Seminar, London School of Economics, 1996

Commentator, University of North Carolina Philosophy Colloquium, 1996

Invited Speaker, Oberlin Colloquium in Philosophy, 1997

John Locke Lectures, Oxford University, 1998

Invited Speaker, Aristotelian Society, London, 1998

Invited Speaker, World Congress of Philosophy, Boston, 1998

Invited Speaker, Irvine Conference on the Philosophy of Mathematics and Physics, 1998

Invited Lecturer, Lecture Series, Center for the Philosophy of Science, University of Pittsburgh, 1998-1999

Invited Speaker and Symposiast, Conference on Gravity and Geometry, University of British Columbia, 1999

Invited Symposiast, Conference on Chance in Physics: Foundations and Perspectives, Naples, Italy, 1999

Invited Speaker, Conference on Conceptual Foundations of Statistical Mechanics, Jerusalem, Israel, 2000

Department of Philosophy, University of Illinois - Urbana, Annual Public Lecture, 2001

University of Michigan, Humanities Institute Brown-Bag, 2001

John Dewey Memorial Lecture, University of Vermont, 2001

Invited Speaker, Conference on The Mathematics of Modern Physics from 1850 To 1940, Denmark, 2002

Invited Speaker, Western Ontario Conference on Philosophy of Physics, 2002

Invited Speaker, University of North Carolina Philosophy Colloquium, 2002

Coffa Memorial Lecture, Indiana University, 2002

Chancellor's Distinguished Fellow Lecture, University of California, Irvine, 2003

Distinguished University Professorship Inaugural Lecture, University of Michigan, 2003

Invited Participant, Pacific Institute of Theoretical Physics, Workshop on Arrows of Time, Stillwater, MN, 2004

Invited Speaker, Santa Barbara Conference in Philosophy of Science, 2005

Invited Speaker, Conference on Reductionism and Anti-Reductionism in Physics, Pittsburgh Center for Philosophy of Science, 2006

Presidential Address, Philosophy of Science Association, Pittsburgh, 2008

Keynote Speaker, University of Pittsburgh-Carnegie-Mellon University Graduate Student Conference, 2010

Invited Papers Presented to Departmental Colloquia

Rockefeller University

Massachusetts Institute of Technology

University of Southern California

Oberlin College

University of Pennsylvania

Johns Hopkins University (2 invitations)

California State College-Long Beach

University of Chicago

University of North Carolina-Greensboro

Indiana University

University of Illinois at Chicago Circle

University of California-Los Angeles

University ofCalifornia-Los Angeles: Physics Department

TheUniversity of Michigan: Physics Department (2 invitations)

University of Massachusetts

Rice University

University of Arizona

Syracuse University

University of Vermont

University of Miami

Michigan State University

Wayne State University: Physics Department

University of British Columbia: Physics Department

University of British Columbia/Simon Fraser University

Ohio State University

University of Chicago History and Philosophy of Science Workshop

Rutgers University

Western Michigan University

University of Vermont

Colby College

Brown University

Brief Expository Reviews in Mathematical Reviews

1. Of A. Miller, "Albert Einstein and Max Wertheimer: A Gestalt Psychologist's View of the Genesis of Special Relativity Theory"

2. Of Z. Augustynek, "Past, Present and Future in Relativity"

3. Of A. Miller, "On Einstein, Light Quanta, Radiation, and Relativity 1905"

4. Of J. Fetzer, "Reichenbach, Reference Classes, and Single Case 'Probabilities'"

5. Of F. O'Gorman, "Poincare's Conventionalism of Applied Geometry"

6. Of R. Wojcicki, "Set Theoretic Representations of Empirical Phenomena"

7. Of E. Erwin, "Quantum Logic and the Status of Classical Logic"

8. Of R. Weingard, "General Relativity and the Length of the Past"

9. Of W. Craig, "Whitrow and Popper on the Impossibility of an Infinite Past"

10. Of A. Briginshaw, "The Axiomatic Geometry of Space-Time: An Assessment of the Work of A. A. Robb"

11. Of M. Ahundov, "Space and Time in the Structure of Physical Theory"

12. Of B. Misra, I. Prigogine and M. Courbage, "From Deterministic Dynamics of Probabilistic Descriptions"

13. Of H. Kyburg, "Tyche and Athena"

14. Of L. Boon, "Repeated Tests and Repeated Testing"

15. Of M. Sachs, "On the Philosophy of General Relativity and Ideas of Eastern and Western Cultures"

16. Of H. Simon, "Fit, Finite and Universal Axiomatizations of Theories"

17. Of H. Leblanc, "Probablistic Semantics for First-Order Logic"

18. Of P. Walley and T. Fine, "Varieties of Modal (Classificatory) and Comparative Probability"

19. Of H. Zeh, "Quantum Theory and Time Asymmetry"

20. Of D. Finkelstein, "The Delinearization of Physics"

21. Of P. Bergmann, "Unitary Field Theory, Geometrization of Physics or Physicalization of Geometry?"

22. Of R. Torretti, "Mathematical Theories and Philosophical Insights in Cosmology"

23. Of C. Yang, "Einstein's Impact on Theoretical Physics"

24. Of G. Nerlich, "Is Curvature Intrinsic to Physical Space?"

25. Of N. Cufaro Petroni and J. P. Vigier, "Markov Process at the Velocity of Light: the Klein-Gordon Statistic"

26. Of E. Zahar, "Einstein, Meyerson and the Role of Mathematics in Physical Discovery"

27. Of. G. Joseph, "Geometry and Special Relativity"

28. Of M. Garcia-Sucre, "Space-Time in a Simple Model of a Physical System"

29. Of R. Clapp, "Nonlocal Structures: Bilocal Photon"

30. Of L. Staunton and H. van Dam, "Graphical Introduction to the Special Theory of Relativity"

31. Of M. Davis, E. Stachel and E. Heller, "Quantum Dynamics in Classically Integral and Non-Integrable Regions"

32. Of V. Alda, "Remark on Two Papers Concerning Axiomatics of Quantum Mechanics"

33. Of R. Laymon, "Independent Testability: The Michelson-Morley and Kennedy-Thorndike Experiments"

34. Of C. von Weizsacker, "A Reconstruction of Quantum Theory"

35. Of A. Barut, "Consequences of a Dynamical Theory of the Planck Constant K for the Origin of Quantum Theory"

36. Of K. Friedrichs, "Unobserved Observables and Unobserved Causality"

37. Of A. Polikarov, " An Attempt at Reconstructing the Transition from Classical to Relativistic Physics"

38. Of D. Malament andS. Zabell, " Why Gibbs Phase Averages Work—the Role of Ergodic Theory"

39. Of R. Lestienne, "Entropy, Mechanical Time and Cosmological Arrow"

40. Of R. Hermann and N. Hurt, "Some Relations Between System Theory and Statistical Mechanics"

41. Of P. Cardoso Dias and A. Shimony, " A Critique of Jaynes' Maximum Entropy Principle"

42. Of D. Gooding, " Metaphysics vs. Measurement: The Conversion and Conservation of Force in Faraday's Physics"

43. Of J. Isenberg, "Wheeler-Einstein-Mach Spacetimes"

44. Of M. Deakin and G. Troup, "The Logical Status of Thermodynamic Proofs of Mathematical Theorems"

45. Of C. Moulineo, "An Example of a Theory-Frame: Equilibrium Thermodynamics"

46. Of W. Zurek, "Pointer Basis of Quantum Apparatus: Into What Mixture Does the Wave Packet Collapse?"

47. Of R. Jeffrey, "The Logic of Decision Defended"

48. Of E. Cullwick, "Einstein and Special Relativity"

49. Of M. Redhead, "Experimental Tests of the Sum Rule"

50. Of G. Matthews, "Time's Arrow and the Structure of Spacetime"

51. OfE. Hiebert, " Boltzmann's Conception of Theory Construction: The Promotion of Pluralism, Provisionalism and Pragmatic Realism"

52. Of L. Kruger, "Reduction as a Problem, Some Remarks on the History of Statistical Mechanics from a Philosophical Point of View"

53. Of V. Kartsev, "The Mach-Boltzmann Controversy and Maxwell's Views on

Physical Reality"

54. Of A. Fine, "Hidden Variables, Joint Probabilities, and theBell Inequalities"

55. Of Y. Orlov, "The Wave Logic of Consciousness, a Hypothesis"

56. Of J. Audretsch, "Quantum Gravity and the Structure of Scientific Revolutions"

57. Of H. Leblanc, "What Price Substitutivity? A Note on Probability Theory"

58. Of E. Bitsakis, "Continuity and Discontinuity in Contemporary Physics"

59. Of J. Dieudonne, "Le Continu et le Discret"

60. Of I. Pitowsky, "Resolution of the Einstein-Podolsky-Rosen and Bell Paradoxes"

61. Of J. Hurley and C. Garrod, "Generalization of the Onsager Reciprocity Theorem"

62. Of P. Pearle, "Might God Toss Coins?"

63. Of N. Mermin, "Comment on: Resolution of the Einstein-Podolsky-Rosen and Bell Paradoxes"

64. Of A. Mac Donald, "Comment on: Resolution of the Einstein-Podolsky-Rosen and Bell Paradoxes"

65. OfI. Levi, "Ignorance, Probability and Rational Choice"

66. Of P. Gardenfors and N. Sahlin, "Unreliable Probabilities, Risk-Taking, and Decision-Making"

67. Of C. Phillipidis, D. Bohm and R. Kaye, "The Aharonov-Bohm Effect and the Quantum Potential"

68. Of N. Sahlin, "On Counterfactual Probabilities and Causation: A Note"

69. Of B. van Fraassen, "Gentleman's Wagers: Relevant Logic and Probability"

70. Of P. Moldauer, "Comment on: Bell's Theorem as a Nonlocality Property of Quantum Theory"

71. Of H. Stapp, "Bell's Theorem as a Nonlocality Property of Quantum Theory"

72. Of P. Eberhard, “Constraints of Determinism and of Bell's Inequalities Are Not Equivalent”

73. Of A. Fine, “Comments on the Significance of Bell's Theorem”

74. Of N. Mermin, “Pair Distributions and ConditionalIndependence: Some Hints about the Structure of Quantum Correlations”

75. Of P. Teller, “Quantum Physics, the Identity of Indiscernibles and Some Unanswered Questions”

76. Of B. Mundy, “Relational Theories of Euclidean Space and Minkowski Spacetime”

77. Of K. Lehrer and C. Wagner, “Probability Amalgamation and theIndependence Issue: A Reply to Laddage”

78. Of J. Pollock, “A Theory of Direct Inference. I. A Classical Theory of Direct Inference”

79. Of P. Teller, “The Projection Postulate as a Fortuitous Approximation”

80. Of S. Gudder, “Finite Quantum Processes”

81. Of D. Mayo, “An Objective Theory of Statistical Testing”

82. Of J. Fetzer, “Probability and Objectivity in Deterministic and Indeterministic Situations”

83. Of C. Wagner, “Aggregating Subjective Probabilities: Some Limitative Theorems”

84. Of E. Eells, “Objective Probability Theory Theory”

85. Of P. Teller, “The Projection Postulate: A New Perspective”

86. Of J. Forge, “Theoretical Functions, Theory and Evidence”

87. Of A. Fine, “What is Einstein's Statistical Interpretation, or Is It Einstein for Whom Bell's Theorem Tolls?”

88. Of A. Stairs, “Sailing into the Charybdis: van Fraasen and Bell's Theorem”

89. Of R. Schock, “Ravens, Grue, and Material Implication”

90. Of T. Horgan, “Science Nominalized”

91. Of J. Pollack, “Foundations of Direct Inference”

92. Of A. Hiskes, “Space-Time Theories and Symmetry Groups”

93. Of L. Wessels, "EPR Resuscitated? A Reply to Halpin"

94. Of N. Maxwell, "Are Probabilism and Special Relativity Incompatible?"

95. OfI. Pitowsky, "Quantum Mechanics and Value Definiteness"

96. Of H. Leblanc and C. Morgan, "Probability Functions and their Assumption Sets - the Binary Case"

97. Of A. Shimony, "The Status of the Principle of Maximum Entropy"

98. Of R. Sorenson, "The Iterated Version of Newcomb's Paradox and the Prisoner's Dilemma"

99. Of M. Bar-Hillel and A. Margalit, "Gideon's Paradox—A Paradox of Rationality"

100. Of D. Bohm and B. Hiley, "Active Interpretation of the Lorentz 'Boosts' as a Physical Explanation of Different Time Rates"

101. Of J. Cushing, "Is There Just One Possible World? Contingency vs. the Bootstrap"

102. Of "Special Issue on the Foundations of Quantum Mechanimcs," including reviews of G. Hellman, "Introduction"; of J. Jarrett, "On the Physical Significance of the Locality Conditions in theBell Argument"; of R. Healy, "How Many Worlds?"; of R. Geroch, "The Everett Interpretation," of H. Stein, "The Everett Interpretation of Quantum Mechanics: Many Worlds or None?"

103. Of K. Popper, "The Nonexistence of Probabilistic Inductive Support"

104. Of H. Leblanc, "Unary Probabilistic Semantics"

105. Of R. Deutsch, "Quantum Theory, the Church-Turing Principle and the Universal Quantum Computer"

106. Of A. Sudbury, "Popper's Variant of the EPR Experiment Does Not Test theCopenhagen Interpretation"

107. Of A. Peres, "The Classic Paradoxes of Quantum Theory"

108. OfI. Levi, "Imprecision and Indeterminacy in Probability Judgement"

109. Of D. Malament, "A Modest Remark about Reichenbach, Rotation and General Relativity"

110. Of W. Sharp and N. Shanks, "Fine's Prism Models for Quantum Correlational

Statistics"

111. Of J. Hsu and T. Chang, "Common Time and Its Implications in Four Dimensional Framework"

112. Of A. Falk, "Cohen on Corroboration"

113. Of H. Price, "Conditional Credence"

114. Of W. DeMuynck, "TheBell Inequalities and Their Irrelevance to the Problem of Locality in Quantum Mechanics"

115. Of M. Strandberg, "Special Relativity Completed: the Source of some 2's in the Magnitude of Physical Phenomena"

116. Of F. Ellett Jr. and D. Ericson, "Causal Laws and Laws of Association"

117. Of A. Pippard, "The Interpretation of Quantum Mechanics"

118. Of P. Kantor, "Is Hilbert Space Too Large?"

119. OfI. Niiniluoto, "Truthlikeness and Bayesian Estimation"

120. OfI. Levi, "Estimation and Error Free Information"

121. Of P. Gardenfors, "The Dynamics of Belief: Contractions and Revisions of Probability Functions"

122. Of B. Armendt, "A Foundation for Causal Decision Theory"

123. Of E. Joos, "Why Do We Observe a Classical Spacetime?"

124. Of B. Mundy, "Optical Axiomatization of Minkowski Space-Time"

125. Of D. Dieks, "On the Relevance of theBell Inequalities to the Problem of Locality in Quantam Mechanics"

126. Of E. Kapuscik, "On the Physical Meaning of the Galilean Space-Time Coordinates"

127. Of L. Ballentine, "Probability Theory in Quantum Mechanics"

128. Of J. Halpin, "EPR Resuscitated: A Reply to Wessels"

129. Of A. Ungar, "The Lorentz Transformation Group of the Special Theory of Relativity Without Einstein's Isotropy Convention"

130. Of U. Bleyer and D. Liebscher, "Induced Causality"

131. Of H. Gaifman, "Towards a Unified Concept of Probability"

132. Of B. Skyrms, "Dynamic Coherence and Probability Kinematics"

133. Of N. Nersessian, "Why Wasn't Lorentz Einstein? An Examination of the Scientific Method of H. A. Lorentz"

134. Of P. Kerszberg, "The Relativity of Rotation in the Early Foundations of General Relativity"

135. Of P. Havas, "Simultaneity, Conventionalism, General Covariance and the Special Theory of Relativity"

136. Of S. Malin, "Quantum States and Potentialities of Quantum Systems"

137. Of J. Cyranski, "The Probability of a Probability"

138. Of B. Gal-Or, "Cosmology, Physics and Philosophy", 2nd ed.

139. Of E. Recami, "Tachyon Kinematics and Causality: A Systematic and Thorough Analysis of the Tachyon Causal Paradoxes"

140. Of Y. Tanaka, "Einstein and Whitehead. The Principle of Relativity Reconsidered"

141. Of C. Rietdijk, "Retroactive Effects from Measurements"

142. Of D. Deutsch, "On Wheeler's Notion of 'Law Without Law' in Physics"

143. Of L. Cohen, "The Coordination Theorem: A Reply to Falk"

144. Of G. Kesuani and C. Kilmister, "Intimations of Relativity before Einstein"

145. Of E. Squires, "Many Views of One World—An Interpretation of Quantum Theory"

146. Of B. Mundy, "The Physical Content of Minkowski Geometry"

147. Of P. Teller, "RelationalHolism and Quantum Mechanics"

148. Of M. Macrossan, "A Note on Relativity before Einstein"

149. Of P. Yourgrau, "On Time and Actuality: The Dilemma of Privileged Position"

150. Of C. Howson and A. Franklin, "A Bayesian Analysis of Excess Content and the Localisation of Support"

151. Of C. Howson, "Some Recent Objections to the Bayesian Theory of Support"

152. Of R. Nugayev, "A Study of Theory Unification"

153. Of J. Blodwell, "Splitting the Cartesian Point"

154. Of Q. Smith, "The Uncaused Beginning of the Universe"

155. Of D. Johnstone, "Tests of Significance Following R. A. Fisher"

156. Of J. Earman and J. Norton, "What Price Spacetime Substantivalism? The Hole Story"

157. Of S. Hale, "Spacetime and the Abstract/Concrete Distinction"

158. Of T. Vinci, "Objective Chance, Indicative Conditionals and Decision Theory; or How You Can Be Smart, Rich and Keep on Smoking"

159. Of E. Sober, "Liklihood and Convergence"

160. Of P. Catton and G. Solomon, "Discussion: Uniqueness of Embeddings and Space-Time Relationism"

161. Of H. Kyburg, "Higher Order Probabilities and Intervals"

162. Of C. Howson, "On the Consistency of Jeffreys' Simplicity Postulate and Its Role in Bayesian Inference"

163. Of D. Johnstone, "Hypothesis Tests and Confidence Intervals in the Single Case"

164. Of J. Smith, "Inconsistency and Scientific Reasoning"

165. Of M. Kalinowski, "The Program of Geometrization of Physics: Some Philosophical Remarks"

166. Of D. Albert and B. Loewer, "Two No-Collapse Interpretations of Quantum Theory"

167. Of M. Clark, "A Paradox of Conditional Probability"

168. Of M. Rees, "Our Universe and Others: The Limits of Space, Time and Physics"

169. Of B. Gustafsson, "The Uniformity of the Universe"

170. Of J. Pecker, "How to Describe Physical Reality"

171. Of H. Krips, "Irreducible Probabilities and Indeterminism"

172. OfS. Leeds, "Discussion: Malament and Zabell on Gibbs Phase Averaging"

173. Of W. Rodrigues, Jr. and M. Rosa, "The Meaning of Time in the Theory

of Relativity and Einstein's Later View of the Twin Paradox"

174. Of D. Dieks, "Quantum Mechanics and Realism"

175. OfI. Novikov, "An Analysis of the Operation of a Time Machine"

176. Of J. Norton, "Coordinates and Covariance: Einstein's View of Space-Time and the Modern View"

177. Of M. Sachs, "Response to Rodrigues and Rosa on the Twin Paradox"

178. Of G. Nerlich, "On Learning from the Mistakes of the Positivists"

179. Of P. Sibelius, "An Interpretation within Philosophy of the Relationship between Classical Mechanics and Quantum Mechanics"

180. Of B. Skyrms, "On the Principle of Total Evidence with and without Observation Sentences"

181. Of B. Skyrms, "Conditional Chance"

182. Of E. Trillas, "Relational Probabilities and Intuitionistic Lattices"

183. Of F. Estera, "On the Structure of Intuitionistic Algebras with Relational Probabilites"

184. Of J. Bigelow and R. Pargetter, "Vectors and Change"

185. Of W. Rodrigues, M. Scanavini and L. de Alcantara, "Formal Structures, the Concepts of Covariance, Invariance, Equivalent Reference Frame, and the Principle of Relativity"

186. Of H. Brown, "Does the Principle of Relativity Imply Winnie's (1970) Equal Passage Times Principle?"

187. Of R. Clifton, J. Butterfield and M. Redhead, "Nonlocal Influences and Possible Words—A Step in the Wrong Direction"

188. Of H. Stapp, "Comments on Nonlocal Influences and Possible Worlds"

189. Of R. Fagin, J. Halpern, N. Megiddo, "A Logic for Reasoning about Probabilities"

190. Of H. Kyburg, "Uncertainty and the Conditioning of Beliefs"

191. Of. J. Keller, "Collapse of Wavefunctions and Probability Densitites"

192. Of F. Artzenius, "Causal Paradoxes in Special Relativity"

193. Of W. Spohn, "Direct and Indirect Causes"

194. Of J. Vickers, "Compactness in Finite Probabilistic Inference"

195. Of N. Mermin, "Extreme Quantum Entanglement in a Superposition of Macroscopically Distinct States"

196. Of N. da Costa, F. Doria, and J. de Barres, "A Suppes Predicate for General Relativity and Set—Theoretically Generic Spacetimes"

197. Of A. Kamlah, "A Rational Reconstruction of Operational Definitions and a Proof of Its Inherent Circularity"

198. Of G. Ghirardi, R. Grassi and P. Pearle, "Relativistic Dynamical Reduction Models: General Framework and Examples"

199. Of L. Bel, "Rigid Motion Invariance of Newtonian and Einstein's Theories of General Relativity"

200. Of S. Shanker, "The Dawning of Machine Intelligence"

201. Of P. Roeper and H. Leblanc, "Indiscernibility and Identity in Probability Theory"

202. Of H. Stein, "on Relativity Theory and Openness of the Future"

203. Of A. Ungar, "Fromalism to Deal with Reichenbach's Special Theory of Relativity"

204. Of E. Pravecki, " A New Theory of Time, Space and Relativity"

205. Of M. Shirokov, "Causality Principles and Retrodiction in Quantum Physics"

206. Of J. Domingos and M. Caldeira, "Localization and Noncausal Behavior of Relativistic Quantum Particle"

207. Of J. Bell, "Towards an Exact Quantum Mechanics"

208. Of D. Durr, S. Goldstein and N. Zanghi, "On a Realistic Theory for Quantum Physics"

209. Of A. Ungar, "Thomas Precession and Its Associated Grouplike Structure"

210. Of R. Deltete and R. Guy, "Einstein and EPR"

211. Of R. Haag, "Thoughts on the Synthesis of Quantum Physics and General Relativity and the Role of Space-Time"

212. Of D. Mellor, "Causation and the Direction of Time"

213. Of K. Kelly, "Reichenbach, Induction and Discovery"

214. Of W. Salmon, "Hans Reichenbach's Vindication of Induction"

215. Of H. Reichenbach, "The Space Problem in the New Quantum Mechanics"

216. Of A. Kamlah, "The Causal Relation as the Most Fundamental Fact of the World. Comments on Hans Reichenbach's Paper 'The Space Problem in the New Quantum Mechanics'"

217. Of C. Hempel, "Hans Reichenbach Remembered"

218. Of W. Kuyk, "Is There a Physics (or Mathematics) of Mind?"

219. Of P. Calbrese, "Deduction and Inference: Using Conditional Logic and Probability"

220. Of D. Albert and B. Loewer, "The Measurement Problem: Some Solutions"

221. Of D. Dieks, "On Some Alleged Difficulties in the Interpretation of QuantumMechanics"

222. Of O. Costa de Beauregard, "Is There a Reality Out There?"

223. Of M. Redhead, "Propensities, Correlations and Metaphysics"

224. Of G. Mantica and J. Ford, "On the Completeness of the Classical Limit of Quantum Mechanics"

225. Of J. Butterfield, "David Lewis Meets John Bell"

226. Of E. Squires, "Explicit Collapse and Superluminal Signals"

227. Of A. Stairs, "On Arthur Fine's Solution to the Measurement Problem"

228. Of A. Fine, "Resolving the Measurement Problem: Reply to Stairs"

229. Of R. Healey, "Causation, Robustness, and EPR"

230. Of E. Squires, "History and Many-Worlds Quantum Theory"

231. Of J. Park and W. Band, "Preparation and Measurement in Quantum Physics"

232. Of A. Madguerova, "On the Logic of Time"

233. Of W. Grandy, "On Randomness and Thermodynamics"

234. Of R. Anderson and G. Stedman, "Distance and the Conventionality of

Simultaneity in Special Relativity"

235. Of J. Friedman, "Is Physics Consistent with Closed Timelike Curves?"

236. Of A. Elitzur, "Locality and Indeterminism Preserve the Second Law"

237. Of C. Stuart, "Retrocausality and Conditional Probability"

238. Of O. Coste de Beauregard, "Intersubjectivity, Relativistic Covariance and Conditionals"

239. Of Y. Tanaka, "Bell's Theorem and the Theory of Relativity, An Interpretation of Quantum Correlation at a Distance based on the Philosophy of Organism"

240. Of D. Malament, "Critical Notice: Itamar Pitowsky's Quantum Probability-Quantum Logic"

241. Of D. Aerts, "Construction of Reality and Its Influence on the Understanding of Quantum Structures"

242. Of M. Redhead and P. Teller, "Particle Labels and the Theory of Indistinguishable Particles in Quantum Mechanics"

243. Of M. Barrett and E. Sober, "Is Entropy Relevant to the Asymmetry Between Retrodiction and Prediction?"

244. Of J. Narlikar, "The Concepts of 'Beginning' and 'Creation' in Cosmology"

245. Of N. Belnap, "Branching Space-Time"

246. Of A. Shiekh, "Does Nature Place a Fundamental Limit on Strength?"

247. Of K. Kelly and C. Glymour, "Inductive Inference from Theory Laden Data"

248. Of J. Bell, "Six possible Worlds of Quantum Mechanics"

249. Of C. Dewdney, G. Horton, M. Lam, Z. Malik and M. Schmidt, "Wave-Particle Dualism and the Interpretation of Quantum Mechanics"

250. Of J. Pykacz, "Direct Detection of Empty Waves Contradicts Special Relativity"

251. Of R. Coleman and H. Korté, "On Attempts to Rescue the Conventionality Thesis of Distant Simultaneity"

252. Of A. Horzela, E. Kapuscik, J. Kempcynski, and C. Uzes, "On Discrete Models of Space Time"

253. Of J. Earman and J. Norton , "Forever is a Day: Supertasks in Pitowsky and Malament-Hogarth Spacetimes"

254. Of G. Lochak, "Louis de Broglie's Conception of Physics"

255. Of J. Norton, " General Covariance and the Foundations of General Relativity: Eight Decades of Dispute"

256. Of K. Hutchison, " Is Classical Mechanics Really Time-Reversible and Deterministic?"

257. Of G. Ghirardi, "The Quantum Worldview: Its Difficulties and an Attempt to Overcome Them"

258. Of T. Weber, " Indeterminism, Nonseparability and the Einstein-Podolsky-Rosen Paradox"

259. Of J. Rosen, "The Myth of Cosmic Symmetry Breaking"

260. Of B. van Fraassen, "Symmetries of Probability Kinematics"

261. Of E. Squires, "Quantum Theory and the Relation Between the Conscious Mind and the Physical World"

262. Of J. Norton, "The Determination of Theory by Evidence: the Case for Quantum Discontinuity 1900-1915"

263. Of A. Madguerova, "A Model of Time withWalker's Definition of Instants by Events"

264. Of N. Maxwell, "Induction and Scientific Realism: Einstein versus van Fraassen. Part One: How to Solve the Problem of Induction"

265. Of N. Maxwell, "Part Two: Aim-oriented Empiricism and Scientific Essentialism"

266. Of N. Maxwell, "Induction and Scientific Realism: Einstein versus van Fraassen. Part Three: Einstein, Aim-oriented Empiricism and the Discovery of Special and General Relativity"

267. Of P. Budinich, "Axioms and Paradoxes in Special Relativity"

268. Of S. Mitchell, "Mach's Mechanics and Absolute Space and Time"

269. Of H. Brown and A. Maia, "Light-speed Constancy versus Light-speed Invariance in the Derivation of Relativistic Kinematics"

270. Of N. Shanks, "Time and the Propensity Interpretation of Probability"

271. Of J. Cushing, "Bohm's Theory: Common Sense Dismissed"

272. Of J. Edmonds, "Length Contraction, Time Dilation, Constancy of the Speed of Light: What Should Be First?"

273. Of H. Chang, "The Twin-Paradox Controversy and Herbert Dingle's Vision of Science"

274. Of G. Foschini, "The Canonical Artefact and Its Cosmological Interpretations"

275. Of R. Penrose, "Mathematical Intelligence"

276. Of S. Halakatti, "Initial Creation, a Different Approach, and a Contribution to the Origin of Structure and Arrow of Time"

277. Of F. Artzenius, "Spacelike Connections"

278. Of T. Bonk, "Why Has de Broglie's Theory Been Rejected?"

279. Of Q. Smith, "Did the Big Bang Have a Cause?"

280. Of W. Rindler, "General Relativity Before Special Relativity: An Unconventional Overview of Relativity Theory"

281. Of K. Denbigh, "Comments on M. Barrett and E. Sober's Paper on the Relevance of Entropy to Retroduction and Prediction: Is Entropy Relevant to the Asymmetry Between Retrodiction and Prediction?"

282. Of R. Penrose, "On the Second Law of Thermodynamics"

283. Of C. Antonopoulos, "Indivisibility and Duality: A Contrast. An Essay on the Logical Relation between the Classical Variables in Quantum Mechanics"

284. Of E. Scheibe, "On the Mathematical Overdetermination of Physics"

285. Of D. Sen, A. Basu andS. Sengupta, "Bohr's Complementarity Principle-Its Relation to Quantum Mechanics"

286. Of R. Omnès "A New Interpretation of Quantum Mechanics and Its Consequences in Epistemology"

287. Of J. Prentis, "Poincaré's Proof of the Quantum Discontinuity of Nature"

288. Of K. Svozil, "Time Paradoxes Reviewed"

289. Of J. Barrett, "The Single-Mind and Many-Minds Versions of Quantum

Mechanics"

290. Of J. Anandan and H. Brown, "On the Reality of Space-Time Geometry and the Wave Function"

291. Of D. Krause and S. French, "A Formal Framework for Quantum Non-Individuality"

292. Of M. Rasetti, "Uncertainty, Predictability and Decidability in Chaotic Dynamical Systems"

293. Of J. Zycinski, "Quantum Cosmology, Possible Worlds, and Modal Actualism"

294. Of R. Batterman, "Theories Between Theories: Asymptotic Limiting Intertheoretic Relations"

295. Of R. Omnès, "Interpretation in Terms of Consistent Histories and the Epistemology of Quantum Mechanics"

296. Of D. Costantini and U. Garibaldi, "A Probabilistic Foundation of Statistical Mechanics"

297. Of S. Leeds, "Holes and Determinism: Another Look"

298. Of W. Spohn, "On the Properties of Conditional Independence"

299. Of B. Mundy, "Quantity, Representation and Geometry"

300. Of G. Nehrlich, "Holes in the Role Argument"

301. Of R. Clifton and M. Hogarth, "The Definability of Objective Becoming in Minkowski Spacetime"

302. Of P. Forrest, "Is Space-Time Discrete or Continuous? —An Empirical Question"

303. Of H. Brown and R. Sypel, "On the Meaning of the Relativity Principle and Other Symmetries"

304. Of W. Faris, "Shadows of the Mind: A Search for the Missing Science of Consciousness"

305. Of A. dela Torre and A. Dotson, "An Entangled Opinion on the Interpretation of Quantum Mechanics"

306. Of L. Coruna, "John von Neumann's 'Impossibility Proof' in a Historical

Perspective"

307. Of B. Skyrms, "Adams Conditionals"

308. Of R. Stalnaker, "Letter to Brian Skyrms"

309. Of P. Suppes, "Some Questions AboutAdams' Conditionals"

310. Of J. Earman and M. Rédei, "Why Ergodic Theory Does Not Explain the Success of Equilibrium Statistical Mechanics. "

311. Of M. Tegmark, "Does the Universe Contain Almost No Information?"

312. Of H. Price, "Cosmology, Time's Arrow, and That Old Double Standard"

313. Of P. Fahn, "Maxwell's Demon and the Entropy Cost of Information"

314. Of E. Conte, "A Criticism of Fine's Solution to the Quantum Measurement problem: A New Epistemology for Quantum Mechanics"

315. Of J. Berkovitz, "What Econometrics Cannot Teach Quantum Mechanics"

316. Of J. Hawthorne, "On the Logic of Nonmonotonic Conditionals and Conditional Probability"

317. Of M. Beller, "The Conceptual and the Anecdotal History of Quantum Mechanics"

318. Of G. Schlesinger, "The Power of Thought Experiments"

319. Of G. Hon, "Disturbing, But Not Surprising: Did Gödel Surprise Einstein with a Rotating Universe and Time Travel?"

320. Of A. Grünbaum, "Theological Misinterpretation of Current Physical Cosmology"

321. Of D. Bohm and B. Hiley, "Statistical Mechanics and the Ontological Interpretation"

322. Of M. Rédei, "Krylov's Proof that Statistical Mechanics Cannot Be Founded on Classical Mechanics and Interpretation of Calssical Statistical Mechanical Probabilities"

323. Of N. Sesardic, "The Clock Paradox Lost in Space"

324. Of F. Selleri, "The Weakest Local Realism Is Still Incompatible with Quantum Theory"

325. Of G. Gale, “The Role of Leibniz and Haldane in Wiener’s Cybernetics”

326. Of M. Durato, “On Becoming, Relativity, and Nonseparability”

327. Of J. Alper and M. Bridger, “Mathematics, Models and Zeno’s Paradoxes”

328. Of M. Galavotti, “Probabilism and Beyond”

329. Of N. Rakic, “Past, Present, Future, and Special Relativity”

330. Of G. Süssman, “The Connection between the Cosmological and the Electrodynamical Time Arrow”

331. Of P. Milne, “Bruno de Finetti and the Logic of Conditional Events”

332. Of D. Edgington, “Lowe on Conditional Probability”

333. Of E. Lowe, “Conditional Probability and Conditional Belief”

334. Of O. Bueno,” Empirical Adequacy: A Partial Structures Approach

335. Of W. Stuckey, “Defining Spacetime”

336. Of T. Bonk, “Newtonian Gravity, Quantum Discontinuity and the Determination of Theory by Evidence”

337. Of A. Peressini, “Troubles with Indispensibility: Applying Pure Mathematics in Physical Theory”

338. Of M. Heller, “The Non-Linear Universe: Creative Processes in the Universe”

339. Of C. Callender, “The View from No-when”

340. Of O. Bueno, “Empirical Adequacy: A Partial Structures Approach”

341. Of A. Shimony, “Implications of Transience for Spacetime Structure”

342. Of K. Peacock, “On the Edge of a Paradigm Shift: Quantum Nonlocality and the Breakdown of Peaceful Coexistence”

343. Of P. Snow, “On the Correctness and Reasonableness of Cox’s Theorem for Finite Domains”

344. Of F. Weinert, “Fundamental Physical Constants, Null Experiments and the Duhem-Quine Thesis”

345. Of D. Bozin, “Alternative Cobining Operations in Extensive Measurement”

346. Of J. Laraudogoitia, “Some Relativistic and Higher Order Supertasks”

347. Of J. Bain, “Whitehead’s Theory of Gravity”

348. Of J. Mehra, "Josiah Willard Gibbs and the Foundations of Statistical Mechanics

349. Of R. Mould, "Consciousness and Quantum Mechanics"

350. Of N. Huggett, "Why manifold Substantivalism Is Probably Not a Consequence of Classical Mechanics"

351. Of J. Golosz, "On Field's Argument for Substantivalism"

352. Of Z. Ognajanovic and M. Raskovic, "Some Probability Logics with New Types of Probability Operators"

353. Of S. Sakar and J. Stachel, "Did Malament Prove the Non-Conventionality of Simultaneity in the Special Theory of Relativity?"

354. Of J. Woodward and T. Mahood, "What is the Cause of Inertia?"

355. Of O. Shenker, "Maxwell's Demon and Baron Munchausen: Free Will as a Perpetuum Mobile."

356. Of J. van Lith, "Reconsidering the Concept of Equilibrium in Classical Statistical Mechanics"

357. Of J. Melia, "Holes, Haecceitism and Two Conceptions of Determinism"

358. Of J. Finkelstein, "Space-Time Counterfactuals"

359. Of J. Pérez Laraudogoitia, "Why Dynamical Self-Excitation is Possible"

360. Of J. McAllister, "Universal Regularities and Initial Conditions in Newtonian Physics"

361. Of F. Rohrlich, "Causality and the Arrow of Classical Time"

362. Of D. Howard, "Space-Time and Separability: Problems of Identity and Individuation in Fundamental Physics"

363. Of J. Anandan, "Classical and Quantum Physical Geometry"

364. Of Q. Smith, "Problems with John Earman's Attempt to Reconcile Theismwith General Relativity."

365. Of E. Curiel, "The Constraints General Relativity Places on Physicalist Accounts of Causality"

366. Of A. Rueger, "Physical Emergence, Diachronic and Synchronic"

367. Of J. Mozersky, "Time, Tense and Special Relativity"

368. Of J-M. Lévy-Leblond, "Quantum Words for a Quantum World"

369. Of R Harré, "The Redundancy of Spacetime: Special Relativity as a Grammar and the Strangeness of 'c'"

370. Of A. Carati and L. Galgani, "Theory of Dynamical Systems and the Relations Between Classical and Quantum Mechanics"

371. Of M. Durato, "Substantivalism, Relationism, and Structural Spacetime Realism"

372. Of R. Imgarden, "Coherence, Teleportation and Open Systems: Comments on Interpretation of Quantum Mechanics"

373. Of G. Parsons and P. McGivern, "Can the Bundle Theory Save Substantivalism from the Hole Argument?"

374. Of R. Rynasiewicz, "Definition, Convention and Simultaneity: Malament's Result and Its Alleged Refutation by Sarkar and Stachel"

375. Of T. Rothman and E. Sudarshan, "Hidden Variables or Positive Probabilities"

376. Of E. Davies, "Building Infinite Machines"

377. Of D. Giulini, "Uniqueness of Simultaneity"

378. Of M. Dorato, "The Question of the Reality of Time and the Model-Theoretic Approach to Scientific Theories"

379. Of J. Uffink, "Bluff Your Way in the Second Law of Thermodynamics"

380. Of A. Peres, "Karl Popper and theCopenhagen Interpretation"

381. Of G. Etesi andI. Németi, "Non-Turing Computations via Malament-Hogarth Space-Times"

382. Of H. Brown and J. Uffink, "The Origins of Time-Asymmetry in Thermodynamics: the Minus First Law"

383. Of H. Prince, "Boltzmann's Time Bomb"

384. Of J. North, "What Is the Problem about the Time-Asymmetry of Thermodynamics? —A Reply to Price"

385. Of J. Butterfield, "Critical Notice: Julian Barbour, the End of Time"

386. Of L. Horwitz and A. Belinsky, "Relativistic Notion of Mass and a

Resoultion of a Conflict between Schopenhauer and Hegel"

387. Of R. White, "Fine-Tuning and Multiple Universes"

388. Of J. Earman, "What Time Reversal Invariance Is and Why It Matters"

389. Of J. Earman, "Guage Matters"

390. Of C. Martin, "Gauge Principles, Gauge Arguments and the Logic of Nature"

391. Of F. Muller, "Refutability Revamped: How Quantum Mechanics Saves the Phenomena"

392. Of M. Janssen, "Reconsidering a Scientific Revolution: The Case of Einstein versus Lorentz"

393. ofE. Winsberg and A. Fine, "Quantum Life: Interaction, Entanglement, and Separation"

394. Of S. McCall and E. Lowe, "3D/4D Equivalence, the Twins Paradox and Absolute Time"

395. Of S. Leeds. Foundations of Statistical Mechanics—Two Approaches"

396. Of R. Wahsner, "Mach's Philosophy, His Criticism of the Newtonian Space-Time Conception and the Possibility of a Deductive Cosmology"

397. Of J. Czerniawski, "Flow of Time as a Selection Rule in General Relativity"

398. Of J. Golosz, "Motion, Space, Time"

399. Of K. Kirkpatrick, " 'Quantal' Behavior in Classical Probability"

400. Of N. Belnap, " No-Common-Cause EPR-Like Funny Business in Branching Space-Times"

401. Of W. Myrvold, "Relativistic Quantum Becoming"

402. Of L. Hardy, "Probability Theories in General and Quantum Theory in Particular"

403. Of M. Castagnino, O. Lombardi and L. Lara, "The Global Arrow of Time as a Geometrical Property"

404. Of M. Cooke, "Infinite Sequences: Finitist Consequence"

405. Of L. Schulman, "A Compromised Arrow of Time"

406. Of L. Becker, "That von Neumann Did Not Believe in a Physical Collapse"

407. Of M. Castagnino, L. Lara and O. Lombardi, "The Direction of time: From the Global Arrow to the Local Arrow"

408. Of D. Aerts, "Reality and Probability: Introducing a New Type of Probability Calculus"

409. Of D. Aerts and D. Deses, "State Property Systems and Closure Spaces: Extracting the Classical en Nonclassical Parts"

410. Of W. Demopoulos, "Elementary Propositions and Essentially Incomplete Knowledge: A Framework for the Interpretation of Quantum Mechanics"

411. Of M. Stöltzner, "Opportunistic Axiomatics—von Neumann on the Methodology of Mathematical Physics"

412. Of J. Figueredo, "Quantum Games"

413. Of C. Beisbart and T. Jung, "The Messy Mass? On the Concept of Massin Special Relativity"

414. Of A. Rivadulla, "The Newtonian Limit of Relativity Theory and the Rationality of Theory Change"

415. Of J. Summhammer, "Structure of Probabilistic Information and Quantum Laws"

416. Of E. Winsberg, "Can Conditioning on the 'Past Hypothesis' Militate against the Reversibility Objections"

417. Of T. Placek, "Quantum State Holism: A Case for holistic Causation"

418. Of M. Esfeld, "Quantum Entanglement and a Metaphysics of Relations"

419. Of P. Lewis, "Life in Configuration Space"

420. Of E. Scerri, "Principles and Parameters in Physics and Chemistry"

421. Of S. Saunders, "Complementarity and Scientific Rationality"

422. Of R. Batterman, "Critical Phenomena and Breaking Drops: Infinite Idealization in Physics"

423. Of P. Bokulich and A. Bokulich, "Niels Bohr's Generalization of Classical Mechanics"

424. Of D. Lavis, “Boltzmann and Gibbs: An Attempted Reconciliation”

425. Of J. Nagle, “Regarding the Entropy of Distinguishable Particles”

426. Of R. Swendsen, “Response to J. F. Nagle's Criticism of My Proposed Definition of the Entropy”

427. Of M. Hogarth, “Conventionality of Simultaneity: Malament's Result Revisited”

428. Of G. Belot, “Dust, Time and Symmetry”

429. Of S. Saunders, “What Is Probability?”

430. Of J. Romeyn, “Enantiomorphy and Time”

431. Of E. Davies, “Some Remarks on the Foundations of Quantum Theory”

432. Of R. Pennock, “Bayesianism, Ravens and Evidential Relevance”

433. Of J. Koperski, “Should We Care about Fine-Tuning?”

434. Of D. King, “Towards a Physical Theory of the Now”

435. Of D. Dieks, “Another Look at General Covariance and the Equivalence of Reference Frames”

436. Of J. Uffink, “Insuperable Difficulties: Einstein'sStatistical Road to Molecular Physics”

437. Of D. Steel, “Comment on Hausman and Woodward on the Causal Markov Condition”

438. Of N. Cartwright, “From Metaphysics to Method: Comments on Manipulability and the Causal Markov Condition”

439. Of S. Saunders, “On the Explanation for Quantum Statistics”

440. Of C. Will, “Special Relativity: A Centennnial Perspective”

441. Of L. Accardi, “Could We Now Convince Einstein?”

442. Of N. Landsman, “When Champions Meet: Rethinking the Bohr-Einstein Debate”

443. Of J. Earman, “Two Challenges to the Requirement of Substantive General Covariance”

444. Of A. Plotnitsky, “A New Book of Numbers: On the Precise Definition of Quantum Variables and the Relartionships between Mathematics and Physics in

Quantum Theory"

445. Of G. Ellis, "Physics and the Real World"

446. Of W. Eckhardt, "Causal Time Asymmetry"

447. Of J. Earman, "The 'Past Hypothesis' Is Not Even False"

448. Of D. Wallace, "Epistemology Quantized: Circumstances in Which We Could Come to Believe in the Everett Interpretation"

449. Of D. Baker, "Spacetime Substantivalism and Einstein's Cosmological Constant"

450. Of E. Slowik, "On the Cartesian Ontology of General Relativity: Or, Conventioanlism in the History of the Substantival-Relational Debate"

451. Of T. Maudlin, "Completeness, Supervenience and Ontology"

452. Of F. Bailly and G. Longo, "Randomness and Determinism in the Interplay Beween the Continuum and the Discrets"

453. Of A. Duwell, "Re-conceiving Quantum Theories in Terms of Information Theoretic Constraints"

454. Of M. Suarez, "Quantum Propensities"

455. Of K. Levy, "Baumann on the Monty Hall Problem and Single-case Probabilities"

456. Of F. Huber, "The Logic of Theory Assessment"

457. Of N. Strobach, "Fooling Around with Tenses"

458. Of A. Grinbaum, "Reconstruction of Quantum Theory"

459. Of T. Maudlin, "What Could Be Objective about Probabilities?

460. Of N. Belnap, "Propensities and Probabilities"

461. Of S. Shieber, "The Turing Test as Interactive Proof"

462. Of N. Da Costa and D. Krause, "Logical and Philosophical Remarks on Quasi-Set Theory"

463. Of M. Esfeld and V. Lam, "Moderate Structural Realism about Space-Time"

464. Of A. Hagar, "Experimental Metaphysics 2: The Double Standard in the Quantum-Information Approach to the Foundations of Quantum Theory"

465. Of R. Torretti, "The Problem of Time's Arrow Historically-Critically Reexamined"

466. Of S. Volchan, "Probability as Typicality"

467. Of R. Hedrich, "The Internal and External problems of String Theory: A Philosophical View"

468. Of V. Karakostas, " Nonseparability, Potentiality, and the Context Dependence of Quantum Objects"

469. Of E. MacKinnon, "Schwinger and the Ontology of Quantum Field Theory"

470. Of A. Macias and A. Camacho, " On the Incompatibility between QuantumTheory and General Relativity"

471. Of D. Redžić, "Towards Disentangling the Meaning of Relativistic Length Contraction"

472. Of P. Baumann, "Single-Case Probabilities and the Case of Monty Hall: Levy's View

473. Of S. Rosen, "Quantrum Gravity and Phenomenological Philosophy"

474. Of T. Müller, N. Belnap and K. Kishida, "Funny Business in Branching Space-Times: Infinite Modal Correlations"

475. Of J. Harrington, "Special Relativity and the Future: A Defense of the Point Present"

476. Of J. Perez Laraudogoitia, "Energy Conservation and Supertasks"

477. Of M. Bächtold, "Interpreting Quantum Mechanics According to a Pragmatist Approach"

478. Of A. Moue, "The Thought Experiment of Maxwell's Demon and the Origin of Irreversibility"

479. Of D. Dieks and M. Versteegh, "Identical Quantum Particles and Weak Discernibility"

480. Of P. Tappenden, "Saunders and Wallace on Everett and Lewis"

481. Of S. Saunders and D. Wallace, "Saunders and Wallace Reply"

482. Of L. Fermakis, "Is the Subjective Interpretation of Quantum Probabilities

Really Inconsistent?"

483. Of S. Saunders and D. Wallace, "Branching and Uncertainty"

484. Of K. Camilleri, "Constructing the Myth of theCopenhagen Interpretation"

485. Of B. Lan, "Does the Realistic Interpretation of a Mathematical Superposition of States Imply a Mixture?"

486. Of J. Earman, "Reassessing the Prospects for a Growing Block Model of the Universe"

487. Of C. Werndl, "What Are the New Implications of Chaos forUnpredictability?"

488. Of S. Hansson, "Do We Need Second-Order Probabilities?

489. Of M. Badino, "The Odd Couple: Boltzmann, Planck and the Application of Statistics to Physics (1900-1913)"

490. Of T. Lupher, "A Physical Critique of Physical Causation"

491. Of Schulman, L., "Influence of the Future"

492. Of H. Brown, W. Myrvold and J. Uffink, "Boltzmann's H-Theorem, Its Discontents, and the Birth of Statistical Mechanics"

493. Of S. LeBihan, "Fine Ways to Secure Local Realism"

494. Of J. Renn, "Boltzmann and the End of the Mechanistic Worldview"

495. Of E. Lieb, "What if Boltzmann Had Known about Quantum Mechanics"

496. J. Lebowitz, "From Time-Symmetric Microscopic Dynamics to Time Asymmetric Macroscopic Behavior: An Overview"

497. Of C. Beck, "Axiomatic Approach to the Cosmological Constant"

498. Of G. Gottwald and M. Oliver, "Boltzmann's Dilemma: An Introduction to Statistical Mechanics via the Kac Ring"

499. Of P. Enders, "Gibbs' Paradox in the Light of Newton's Notion of State"

500. Of M. Dorato and M. Esfeld, "GRW as an Ontology of Dispositions"

501. Of G. Brassard and A. Methot, "Can Quantum-Mechanical Description of Physical Reality Be Considered Correct?"

502. Of W. Demopoulos, "Effects and Propositions"

503. Of G. McCabe, "The Non-Unique Universe"

504. Of H. Shirai, " Reality and Non-Reality of Physical Variables"

505. Of B. Ĉaslav, "Quantum Complementarity and Logical Indeterminacy"

506. Of Ellis, G. and T. Rothman, "Time and Spacetime: The Crystallizing Block Universe"

507. Of J. Nagle, "In Defense of Gibbs and the Traditional Definition of the Entropy of Distinguishable Particles"

508. Of C. Riedberger, " From Clifford's Theory of Consciousness to a New Quantum Model of Mind. "

509. Of R. Swendsen, "Footnotes to the History of Statistical Mechanics: In Boltzmann's Words"

510. Of D. Kraus, "Logical Aspects of Quantum (Non-) Individuality"

511. Of P. Welch, "The Extent of Computation in Malament-Hogarth Space-times"

512. Of A. Grünbaum, "David Malament and the Conventionality of Simultaneity: A Reply"

513. Of J. Barbour, "The Definition of Mach's Principle"

514. Of M. Kuhlmann, "Why Conceptual Rigour Matters to Philosophy: Ion the Ontological Significance of Algebraic Quantum Field Theory"

515. Of J. Williamson, "Philosophies of Probability"

516. Of H. Lyre, "Why Quantum Theory is Possibly Wrong"

517. Of T. Placek, "Comparative Similarity in Branching Space-Times"

518. Of T. Fritz, "Quantum Analogues to Hardy's Nonlocality Paradox"

519. Of M. Hemmo and O. Shenker, "Szilard's Perpetuum Mobile"

520. Of S. Jha, " Wigner's ' Polanyian ' Epistemology and the Measurement Problem: The Wigner-Polanyi Dialog on Tacit Knowledge"

521. Of S. Freiderich, "How to Spell Out the Epistemic Conception of Quantum States"

522. Of A. Duwell, "Uncomfortable Bedfellows: Objective Quantum Bayesianism and the von Neumann-Lüders Projection Postulate"

523. Of F. Rohrlich, "Why Physics Needs Mathematics"

524. Of D. Wallace, "Philosophy of Quantum Mechanics"

525. Of V. Spillner, "A Bundle Definition of Scientific Understanding and Its Application to Quantum Physics"

526. Of R. Frigg, "A Field Guide to Recent Work in the Foundations of Statistical Mechanics"

527. Of K. McKenzie, "Arguing Against Fundamentality"

528. Of S. Ford, "Deriving the Manifestly Qualitative World from a Pure Power Base: Light-like Networks"

529. Of D. Parker, "Information-Theoretic Statistical Mechanics without Landauer's Principle"

530. Of D. Parker, "On Jaynes' Unbelievably Short Proof of the Second Law"

531. Of S. Guccione, "EPR and EPT Paradoxes from a Logical Point of View"

532. Of F. Dizadji-Bahmani, "The Aharonov Approach to Equilibrium"

533. Of M. Campisi, "Fluctuation, Dissipation and the Arrow of Time"

534. Of S. Bangu, "On the Role of Bridge Laws in Intertheoretic Reduction"

535. Of M. Frisch, "From Arbuthnot to Boltzmann: The Past Hypothesis, the Best System, and the Special Sciences"

536. Of C. Mazzola, "Reichenbachian Common Cause Systems Revisited"

537. Of M. Morrison, "Emergent Physics and Micro-Ontology"

538. Of B. Paleo, "Physics and Proof Theory"

539. Of J. Norton, "Approximation and Idealization: Why the Difference Matters" (December 2012)

译　后　记

2009年4月底，我得到中国国家留学基金的资助，赴美国密歇根大学哲学系进行为期一年的访学。我的合作导师是劳伦斯·斯克拉教授，国际知名科学哲学家、一位热情而谦和的长者。记得2008年下半年我在上海外国语大学进行语言受训期间，第一次冒昧给斯克拉教授写信，申请访学，没想到第二天就收到教授肯定的答复。同寝室的同学很羡慕我，戏谑地说我的申请“顺利得不正常”。因为按照以往的经验，要申请到满意的学校和合作导师一般都要经过一段时间的“磨难”，而我则省去了这个苦苦等待的过程。教授的第一封邀请函寄往东南大学人文学院，不知何故，我没有收到。后来，教授不辞烦琐，再次发出邀请函。自此，我和斯克拉教授结缘。

译者和作者斯克拉教授合影照

2009年10月于美国安阿伯

刚到美国，人生地不熟，第一个想见的就是斯克拉教授。这次会面的情形，我记在“科学网”的一篇博文中，题目叫“初见Sklar”。

4月28日，阴雨天，有点冷。头一天晚上收到Sklar教授的“sorry”邮件，他大概听Maureen说过，我27日上午找过他，没见到人。其实，那天并没有预约。Sklar在“sorry”邮件里预约我28日上午在哲学系他的办公室见面。还是坐校车去，这回有点熟门熟路。约9点，到哲学系，在走廊里找Sklar的办公室。忽然，一道门打开，走出一位老人，很精神，腰板也结实。我定睛一看，这不是Sklar吗？我刚要打招呼，老人也反应过来了，赶紧把我引进，让坐。教授的办公室很大，大概25平方米的样子。但是，不太像办公室，倒更像图书室，两边书柜从顶到地都是书，大桌子、茶几上也堆放了不少书，教授简直就是泡在书里啊。大办公桌上有台电脑，连着打印机。前面是大沙发，有几个靠垫，大概是教授中午休息的地方。

按照礼节，我先拿出小礼品——南京的雨花石，表达对教授的尊敬和谢意。打开精致的包装盒，是两块透着淡淡彩色花纹的光滑石头。我介绍说，这是“Rainflower Stone”，“famous stone in China”。教授注视着雨花石，称赞不已。

很快，转入正题。教授问我的打算。我讲了三层意思：第一，想多了解教授的学术思想，多看点教授的书，尽可能翻译一些东西。如果用中文发表，这里面会牵涉版权问题。第二，如果我有英文文章，也请教授批评指导。第三，我有一些不错的研究生，也希望有机会来密歇根大学学习哲学。如有可能，希望教授提供帮助。Sklar的回答是“Sure”。当然，他也说，版权问题要与出版社、杂志社打交道，不好说。教授说，他下学期要给研究生讲课，问我要不要听听。我的回答也是“Sure”。我要求教授把计划表用邮件发给我。教授很爽快地答应了。接着，教授给我看了两本书：一本是《空间、时间和时空》，另一本是《理论与真理》。我表示，先看第二本。教授还给我打印了一份完整的著作目录清单，1967～2008年，合计214种，还有13种forthcoming，吓了我一跳，我可能看都看不过来。教授好像明白了什么，拿起笔，勾了一些重点。教授1967年发表大作时，我才两岁。如今，我偶尔感慨人到中年，岁月飞逝，再不可能有什么作为了。但是，在老骥伏枥、干劲十足的Sklar教授面前，我又变成了小学生，感到羞愧。

会面约半个小时，我起身告辞。我知道，我一转身，Sklar教授马上就会继续他的思想旅程。①

现在对照一下我当初的访学计划。第一条，多了解斯克拉教授的学术思

① http://blog.sciencenet.cn/blog-38826-229560.html.

想，翻译一些东西。因为这本译著的问世，算是完成了。而且，斯克拉教授也向科学出版社赠送了个人版权。第二条，在美期间，忙于翻译，没有用英文写些自己的东西，较少与斯克拉教授交流，这是比较遗憾的。第三条，联合培养学生。后来，我把我的博士研究生薛耀华推荐给斯克拉教授，在教授的直接关心下，耀华进入密歇根大学哲学系，专攻物理学哲学。对照这三条，凡斯克拉教授能做到的，他都给予热情的回应和实在的帮助。在本译著即将付梓之际，斯克拉教授应我的请求，答应为中译本作序，这让我产生莫名的感动。

就本译著而言，在一定程度上讲，是一种合作的产品。在美期间，我完成译著初稿，产生 147 个疑点，有些是理解上的，有些是知识上的。斯克拉教授逐一细心地给予解答。译稿主要是根据斯克拉教授的解答完成的。译稿两校完成后，我又请薛耀华博士通读了一遍，希望他将疑惑之处一一标出，薛博士标出 72 处疑惑，有些地方还提出很好的建议。译稿的三校主要是针对这些疑惑完成的。经过几轮校对，我相信，我已经基本抓住斯克拉教授在原著中所要表达的主要思想，有信心把它推荐给汉语读者，作为研读原著的一个参考。尽管如此，我并不能保证准确、完整地把握斯克拉教授的一些句法和思想。个人水平、语言转换过程中的某些“不可通约”都是造成“误读”的原因。诚恳地期待读者朋友不吝赐教，以便将来再版时完善。为了让读者朋友更多地了解斯克拉教授的学术思想和学术贡献，本书增加了附录。如果把斯克拉教授丰富的学术成果比作湖泊，那么《理论与真理——基础科学中的哲学批判》这本专著只是涌向湖泊的一条小溪。假如本译著能引起国内专家、读者对这条小溪的关注，并通过这条小溪追寻斯克拉教授的学术思想，与他展开真正的学术交流和思想碰撞，那将是我莫大的欣慰。

本译著的出版得到 2012 年教育部留学回国人员科研启动基金、2010 年江苏省高校“青蓝工程”中青年学术带头人基金、2010 年东南大学重大科学研究引导基金的资助，谨致谢忱！

科学出版社的郭勇斌先生和同事为推动本译著的出版尽心尽力，做了很多工作，不仅与斯克拉教授本人、牛津大学出版社成功联系版权一事，而且认真地对译稿进行编辑加工、排版、校对。在此，一并致谢！

愿意和我联系的朋友请致信以下电子信箱：yuxuanma@ hotmail. com。